"十四五"职业教育国家规划教材

Animate 动画设计实例教程

白燕青　主编

张彩虹　胡彦军　宋娟娟　樊　倩　副主编

电子工业出版社
Publishing House of Electronics Industry
北京·BEIJING

内 容 简 介

本书按照职业教育的特点，充分考虑到对职业院校学生自学能力的培养及对知识多样性的需求，使用 Animate 2021 完成九个任务，分别是动画制作基础、绘制图形、补间动画、ActionScript 3.0 脚本基础、引导层动画、元件的嵌套使用、遮罩层动画的应用、视频和音频、评价自测。前八个任务着重动手能力训练，第九个任务为前八个任务对应的自测评价，着重过程性评价在教学中的应用，有助于教师和学生实时进行反思、提高。

本书采用案例驱动模式编写，着重动手能力训练。每个任务的内容都与案例紧密结合，有助于读者理解知识、应用知识。本书强调软件的使用技巧与创作理念的巧妙结合，重点在于设计思路和创作过程的介绍。教材中运用选择、修改动作脚本的方式设计了大量交互效果动画，使读者可以零基础制作交互动画效果。

本书结构合理，内容丰富，实用性强，可以作为职业院校计算机应用、计算机网络技术、数字媒体技术应用等专业的教学用书，也可作为培训教程，还可作为相关专业人员的自学用书。

未经许可，不得以任何方式复制或抄袭本书之部分或全部内容。
版权所有，侵权必究。

图书在版编目（CIP）数据

Animate 动画设计实例教程 / 白燕青主编．—北京：电子工业出版社，2022.4

ISBN 978-7-121-43271-2

Ⅰ．①A… Ⅱ．①白… Ⅲ．①动画制作软件－高等职业教育－教材 Ⅳ．①TP391.414

中国版本图书馆 CIP 数据核字（2022）第 056962 号

责任编辑：郑小燕　　　　　　　特约编辑：田学清
印　　刷：天津千鹤文化传播有限公司
装　　订：天津千鹤文化传播有限公司
出版发行：电子工业出版社
　　　　　北京市海淀区万寿路 173 信箱　　邮编　100036
开　　本：880×1230　1/16　　印张：13.5　　字数：311 千字
版　　次：2022 年 4 月第 1 版
印　　次：2025 年 6 月第 7 次印刷
定　　价：48.00 元

凡所购买电子工业出版社图书有缺损问题，请向购买书店调换。若书店售缺，请与本社发行部联系，联系及邮购电话：(010) 88254888，88258888。

质量投诉请发邮件至 zlts@phei.com.cn，盗版侵权举报请发邮件至 dbqq@phei.com.cn。
本书咨询联系方式：(010) 88254550，zhengxy@phei.com.cn。

前言

党的二十大提出:"全面贯彻党的教育方针,落实立德树人根本任务,培养德智体美劳全面发展的社会主义建设者和接班人。坚持以人民为中心发展教育,加快建设高质量教育体系,发展素质教育,促进教育公平。"

编者志在打造一本有温度、有内涵、有情怀的教材。设计时兼顾所有的学生,坚持一个不落下的原则,通过经典且浅显易懂的基础案例,帮助学生快速掌握知识技能,让学生体会到学习的快乐,能学会、愿意学;通过提高创新,引导学生思考,达到举一反三的目的,实现对知识的再加工和应用;通过不断更新的系列微课程,有助于学生养成自主学习的习惯。教材案例中使用的图片、文字蕴含中华优秀传统文化、名人名言,时刻激励学生不忘初心、勇往直前,达到立德树人的目的。并将对师生的过程性评价融入教材,从不同角度实时记录师生的学习过程,激发学生学习动力,帮助师生共同成长。

1. 本书内容

任务 1 介绍动画的含义、时间轴及逐帧动画,掌握动画的工作原理;任务 2 介绍绘图基础知识、元件的概念,使学习者能够高效使用软件;任务 3 介绍补间动画、创建应用最广泛的传统补间动画,为后续的动画脚本应用打下基础;任务 4 介绍 ActionScript 3.0 动作脚本的零基础应用方法,轻松实现交互式动画的创建;任务 5 介绍具有技巧性的引导层动画;任务 6 介绍 Animate 技术的核心——元件的叠加嵌套使用;任务 7 介绍复杂技术遮罩层动画;任务 8 介绍对音频、视频素材的多渠道获取,以及如何编辑、控制,实现多媒体技术的综合应用。

本书以培养职业能力为核心,以实践为主线,以任务为导向,采用案例式教学,兼顾动画构图、色彩设计与交互性,以增加课程内容的视觉效果。

2. 体系结构

本书采用案例驱动模式编写,每个任务都采用"任务分析""难点剖析""相关知识""案例实现""任务总结""提高创新"的结构。

任务分析：介绍阶段任务的知识目标和技能目标。

难点剖析：介绍任务难点，强调学习的重点和难点。

相关知识：详细介绍完成任务需要的知识。

案例实现：分析案例效果，强化动画设计思想，以图文的形式实现案例效果。案例含有丰富的中国传统文化思政元素，供教师挖掘。

任务总结：总结案例应用技巧及注意事项，侧重能力的提高。

提高创新：在同类型动画基础之上的创新案例，拓展思维，激发学生的创新思维。

3. 本书特色

本书内容简明扼要、结构清晰、实例丰富、图文并茂、注重实践、直观明了。在知识点及案例中的关键位置添加着重号；在图片上添加大量文字说明；在需注意的细节处添加提示文字；在较复杂案例的设计分析处添加文本框进行重点分析。竭力呈现给读者清晰明了的学习线索，辅助读者关注重点，可以帮助学生在完成实例的过程中学习相关的知识和技能，提升自身的综合职业素养和能力。任务 9 是评价自测，按照本书的设计制作了 8 张评测表格，读者可在任务完成后进行评价自测。

4. 教学资源

本书配套资源包括课程大纲、授课计划、教学课件、电子教案、动画源文件等，同时本书配套了大量对重点、难点、技能点等进行讲解的微课视频。

5. 使用方法及课时分配

本书中有大量精彩案例，这些素材来自作者多年来动画设计制作、教育教学经验。本书内容在实际教学过程中运用多年，效果良好。计划学时为 64 学时，建议读者在课前根据微课自学，提高学习效率。

6. 著作者分工

本书由白燕青担任主编，张彩虹、胡彦军、宋娟娟、樊倩担任副主编。李梓璇、侯倩倩、冯美玲、段淑敏、吕晓芳，负责微课设计、课件设计与制作、优秀案例收集、教学大纲制作、电子教案制作等工作。

感谢河南智游臻龙教育科技有限公司魏扬威等专业技术人员的大力支持。

在本书编写过程中，编者本着科学、严谨的态度，力求精益求精，但错误、疏漏之处在所难免，恳请广大读者批评指正。

目录

任务 1　动画制作基础 1

 1.1　任务分析 1

 1.2　难点剖析 2

 1.3　相关知识 2

  1.3.1　Animate 的工作环境 2

  1.3.2　动画类型 7

  1.3.3　时间轴 7

 1.4　案例实现 9

  1.4.1　逐帧动画——大雁飞 9

  1.4.2　逐帧动画——写字效果 13

  1.4.3　逐帧动画——字母运动 15

 1.5　任务总结 17

 1.6　提高创新 18

任务 2　绘制图形 21

 2.1　任务分析 21

 2.2　难点剖析 22

 2.3　相关知识 22

  2.3.1　形状与绘制对象 22

  2.3.2　图形绘制工具 25

  2.3.3　组和元件 44

 2.4　案例实现 49

  2.4.1　变形复制——玫瑰 49

  2.4.2　眨眼的熊猫 54

2.4.3　传统文本应用——文字设计 ·· 58

　2.5　任务总结 ··· 61

　2.6　提高创新 ··· 61

任务 3　补间动画 ··· 65

　3.1　任务分析 ··· 65

　3.2　难点剖析 ··· 66

　3.3　相关知识 ··· 66

　　3.3.1　传统补间动画 ·· 66

　　3.3.2　形状补间动画 ·· 67

　　3.3.3　补间动画的常见错误 ·· 68

　3.4　案例实现 ··· 70

　　3.4.1　传统补间属性——运动的小球 ·· 70

　　3.4.2　元件实例属性——跳动的红心 ·· 73

　　3.4.3　中心点动画——折扇运动 ·· 76

　3.5　任务总结 ··· 79

　3.6　提高创新 ··· 80

任务 4　ActionScript 3.0 脚本基础 ··· 83

　4.1　任务分析 ··· 83

　4.2　难点剖析 ··· 84

　4.3　相关知识 ··· 84

　　4.3.1　Animate 中的编程环境 ··· 84

　　4.3.2　ActionScript 3.0 编程基础 ·· 87

　　4.3.3　事件和事件处理 ·· 93

　4.4　案例实现 ··· 95

　　4.4.1　生成随机数 ·· 95

　　4.4.2　鼠标事件——按钮控制太阳升落 ·· 97

　　4.4.3　键盘事件——方向键控制影片剪辑实例的移动 ·························· 100

　4.5　任务总结 ··· 104

　4.6　提高创新 ··· 104

任务 5　引导层动画 110

5.1　任务分析 110
5.2　难点剖析 111
5.3　相关知识 111
5.3.1　引导层动画 111
5.3.2　引导层动画的常见错误 113
5.3.3　图层常用命令 114
5.4　案例实现 115
5.4.1　泡泡运动 115
5.4.2　火花四溅 117
5.4.3　文字做路径——星光文字 119
5.5　任务总结 121
5.6　提高创新 123

任务 6　元件的嵌套使用 126

6.1　任务分析 126
6.2　难点剖析 127
6.3　相关知识 127
6.3.1　元件嵌套叠加 127
6.3.2　元件的类型及其区别 128
6.3.3　制作按钮 130
6.4　案例实现 133
6.4.1　基础嵌套 133
6.4.2　青春寄语 140
6.4.3　小池 144
6.5　任务总结 149
6.6　提高创新 150

任务 7　遮罩层动画的应用 153

7.1　任务分析 153
7.2　难点剖析 154
7.3　相关知识 154
7.3.1　遮罩层动画 154

	7.3.2	编辑遮罩层动画	155
	7.3.3	遮罩层动画的注意事项	156
7.4	案例实现		157
	7.4.1	基础遮罩效果	157
	7.4.2	水流动画——池中景	162
	7.4.3	图片切换	165
7.5	任务总结		167
7.6	提高创新		168

任务 8 视频和音频 ··· 171

8.1	任务分析		171
8.2	难点剖析		172
8.3	相关知识		172
	8.3.1	获取音频、导入音频、编辑音频	172
	8.3.2	获取视频、导入视频、编辑视频	179
	8.3.3	按钮控制声音播放	182
8.4	案例实现		186
	8.4.1	按钮控制视频源切换	186
	8.4.2	音乐 MV 歌词制作	190
	8.4.3	音乐 MV 动画制作	192
8.5	任务总结		197
8.6	提高创新		199

任务 9 评价自测 ··· 205

任务 1

动画制作基础

动画的英文 animation 一词源自拉丁文字根 anima，意为灵魂，动词 animate 指使有生气，引申为使某物活起来。现代英语中 animation 意为活动的图画，可以解释为经由创作者的安排，使原本不具有生命的东西获得生命一般的活动。

1.1 任务分析

知识目标

掌握逐帧动画的制作思路；
掌握选择帧、移动帧、翻转帧的使用方法。

技能目标

能够熟练使用时间轴面板；
能够设计、制作逐帧动画。

素质目标

培养学生自主学习的能力：对时间轴的灵活应用。

思政目标

培养学生全面发展的自我意识。

1.2 难点剖析

动画是指随着时间的推移物体发生的变化。制作动画需要先定位时间点，然后在相应时间点设置物体的状态，最后按时间先后顺序播放。

逐帧动画是学习 Animate 软件首先要掌握的一种动画形式。在逐帧动画的制作过程中，有时需要完成连续性动作的绘制，这时就必须参考前后帧的内容来辅助处理当前帧的内容。

Animate 软件默认舞台上仅显示动画序列的一帧。为了便于定位和编辑动画，用户可以通过"时间轴"面板的"绘图纸外观"按钮（其效果俗称"洋葱皮"）在舞台上一次查看多个帧，方便动画设计者观察动画的细节。"洋葱皮"效果如图 1-1 所示。

(a) (b)

图 1-1

1.3 相关知识

1.3.1 Animate 的工作环境

1. 重要概念解析

在使用 Animate 创作作品前，先熟悉几个重要的概念。

（1）位图和矢量图

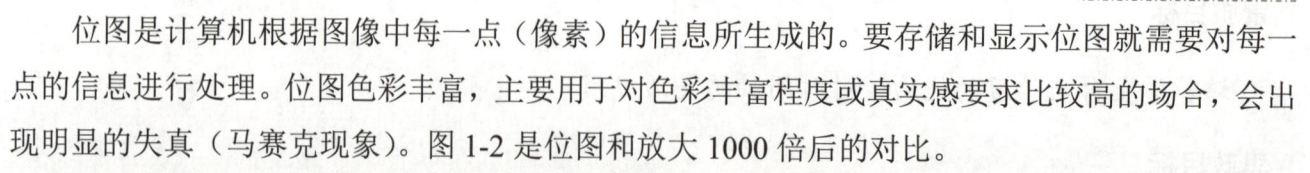

位图是计算机根据图像中每一点（像素）的信息所生成的。要存储和显示位图就需要对每一点的信息进行处理。位图色彩丰富，主要用于对色彩丰富程度或真实感要求比较高的场合，会出现明显的失真（马赛克现象）。图 1-2 是位图和放大 1000 倍后的对比。

矢量图是计算机根据矢量数据计算后所生成的，它用包含颜色和位置属性的直线或曲线来描述图像。所以，计算机在存储和显示矢量图时只需记录图形的边线位置和边线之间的颜色这两种信息。矢量图占用的存储空间非常小，并且无论放大多少倍都不会失真。图 1-3 是矢量图和放大

1-1 Animate 工作环境

1000倍后的对比。

图 1-2

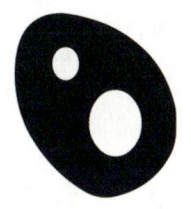

图 1-3

矢量图形文件的大小与图形的尺寸无关，但是图形的复杂程度直接影响矢量图文件的大小，图形的显示尺寸可以进行缩放，并且缩放不影响图形的显示精度和效果，因此，当图形不是很复杂时，采用矢量图形可以减小文件的大小。

（2）帧

帧的概念是从电影继承过来的，所以使用 Animate 制作的作品也被称为 Movie（即影片）。帧是由许多静态画面构成的，而每一幅静态画面就是一个单独的帧。当按时间顺序放映这些连续的画面时，它就会动起来。在 Animate 中，帧是时间轴上的一个小格，是舞台内容中的一个片段。

（3）影片

Animate 将制作完成的动画文件称为影片。实际上，Animate 中的许多名称都与影片有关，如帧、舞台、场景等。影片在放映时是按帧连续播放的，通常为每秒 24 帧，由于视觉暂留的原因，人们看到的影片是连续动作的。Animate 将画面制作成连续动作的图像，再输出播放就形成了影片。输出的影片可以使用 Animate 专有的影片格式，也可以使用其他格式，如图像、视频等。

（4）场景

影片需要很多场景，并且每个场景中的人物、事件和布景可能都是不同的。与拍摄影片一样，Animate 可以将多个场景中的动作组合成一个连贯的影片。场景的数量没有限制。

2. Animate 的主界面

打开 Animate 软件，单击"文件"菜单中的"新建"按钮，打开"新建文档"对话框，如图 1-4 所示。本书创建文档均为"高级"选项中的"ActionScript 3.0"文档。

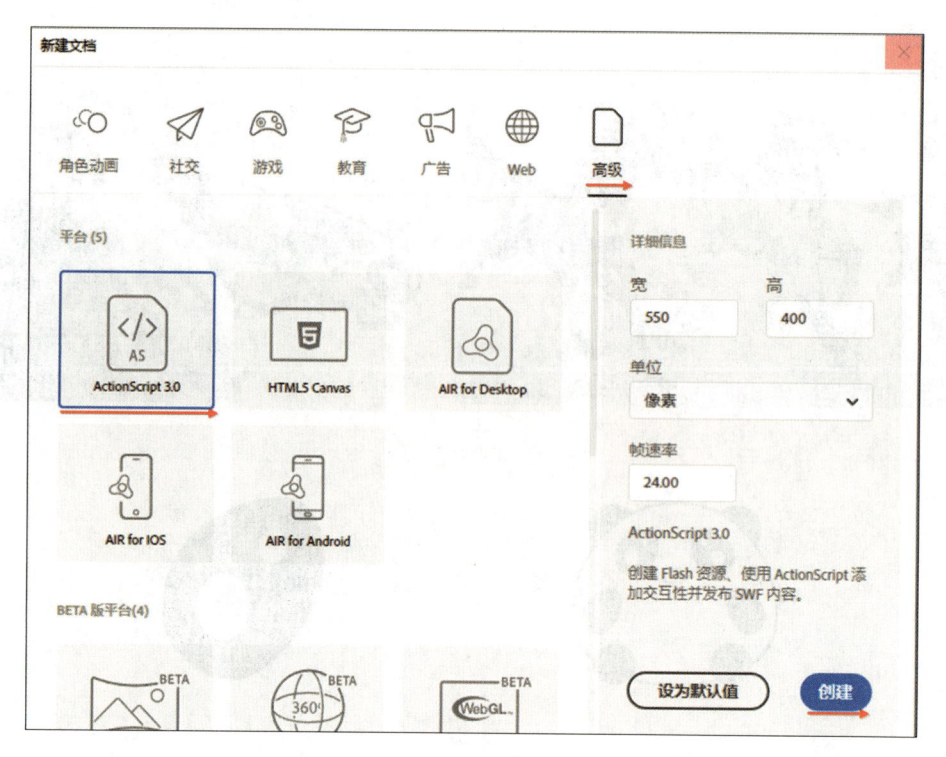

图 1-4

Animate 2021 的工作界面如图 1-5 所示，软件界面由六部分组成，即舞台、时间轴、工作面板区、工具箱、编辑栏、菜单栏。

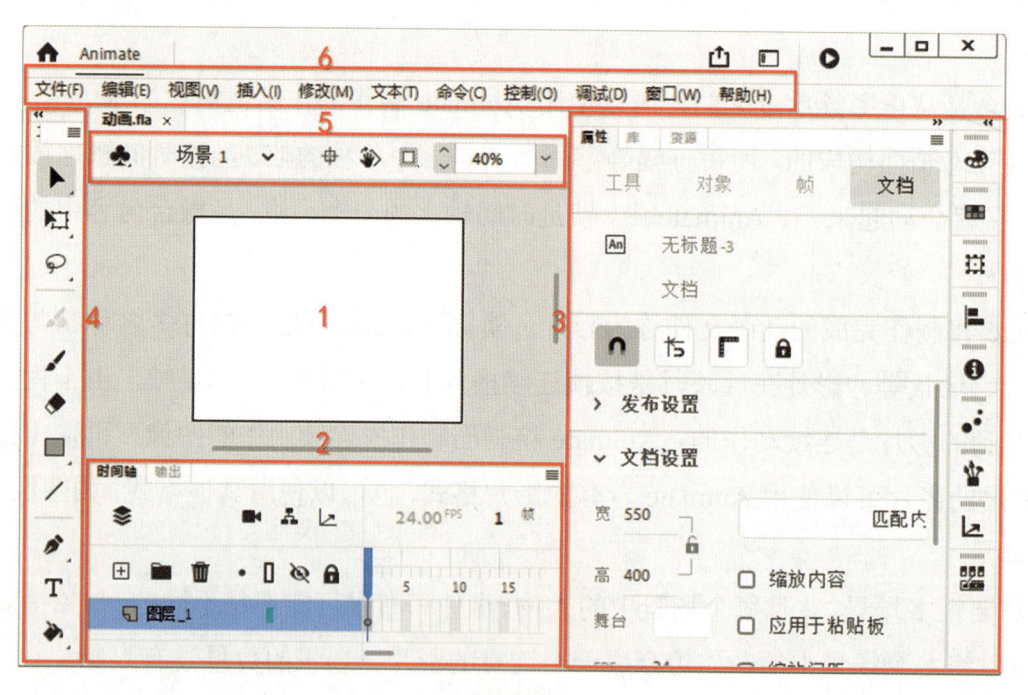

图 1-5

（1）舞台

舞台是 Animate 软件的工作区域，舞台以内的内容在播放影片时才会显示出来。舞台以外的区域称为草稿区，草稿区的内容在导出影片后不予显示。

舞台的大小由文档大小决定。选择舞台后，可以在"属性"面板的"文档设置"选项中设置宽和高。

（2）时间轴

时间轴的功能：管理图层、帧和时间。图层和帧能够将各种对象有序地放置其中，便于动画的组织和制作。时间轴分为左、右两部分，左侧是图层控制区，右侧是时间控制区，如图1-6所示。

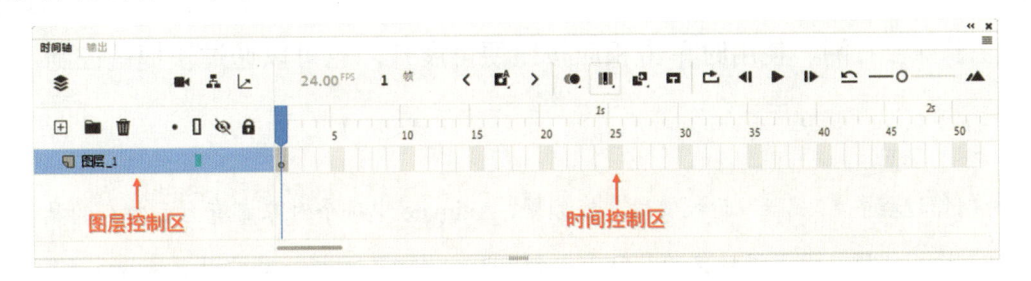

图 1-6

图层控制区的常用操作如图1-7所示。

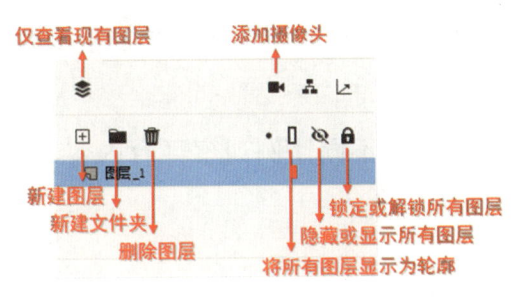

图 1-7

图层控制区右上角的3个按钮的操作是针对所有图层的。如果只对某个或某几个图层执行操作，只需单击图层右侧对应位置即可，如图1-8所示。

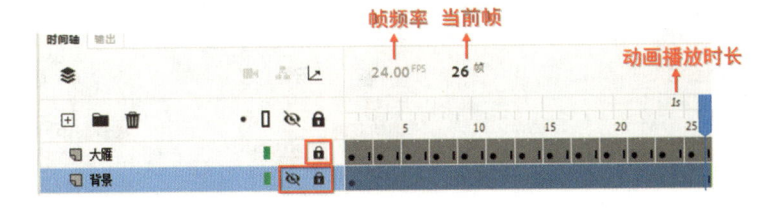

图 1-8

提示

如果双击图层名称右侧的小矩形，就会弹出"图层属性"对话框，其中的轮廓颜色是指将图层显示为轮廓时显示的颜色。

观察图1-8中时间轴上方的显示信息，可以发现当前帧为26帧，帧频率（动画播放速率）为24.00fps，动画播放时长为1s。

思考

当动画中有多个运动对象时，每个运动对象必须放置在一个单独的图层上。那么有 3 个运动对象时，我们最少需要几个图层呢？

（3）工作面板区

工作面板区包含了"属性""库""颜色""对齐""变形""信息"等多个常用面板。它们以折叠的方式位于舞台右侧，使用时单击相应按钮便可展开，也可以通过快捷键控制。

提示

在动画的制作过程中，"属性"面板使用比较频繁。Animate 中每个对象都有自己特有的属性，通过"属性"面板可以查看、编辑、设置该对象的参数。学会使用"属性"面板，是学习 Animate 的第一步。

（4）工具箱

Animate 的基本操作是通过工具箱中的工具完成的。工具箱通过灰色短横线将工具分为五类：选择工具栏、绘图栏、编辑栏、视图栏，以及不同工具特有的参数设置栏，如图 1-9 所示。

（5）编辑栏

编辑栏可以切换元件、场景，按照不同比例观察舞台内容，并使舞台居中显示，如图 1-10 所示。

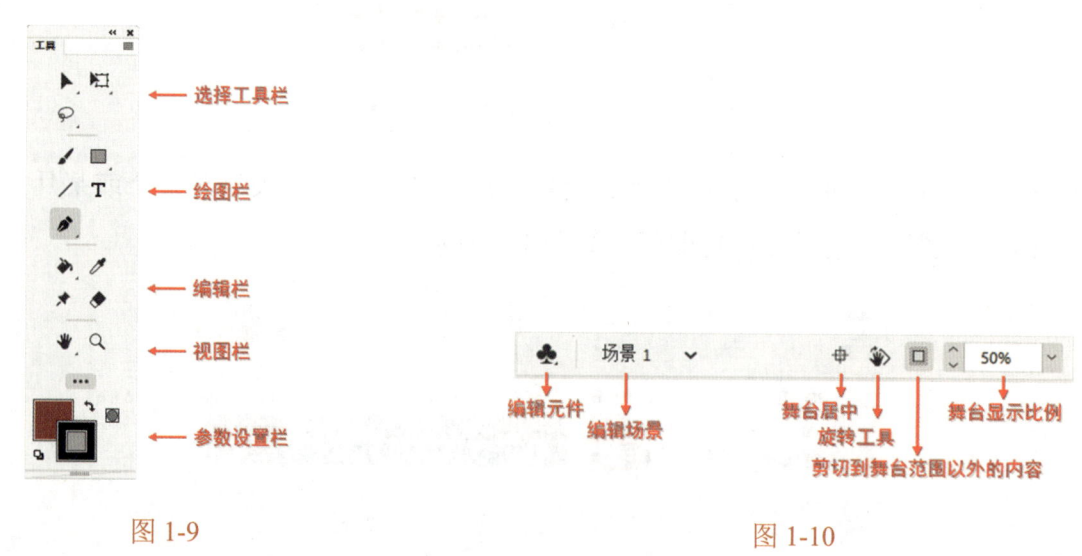

图 1-9

图 1-10

（6）菜单栏

菜单栏的主要功能是选择菜单命令。

提示

如果 Animate 软件的工作环境因为面板的拖动而变乱，我们可以通过"窗口"—"工作区"—"重置基本功能工作区"命令，恢复至工作环境的初始状态。

1.3.2 动画类型

Animate 中的动画有两种类型：逐帧动画和补间动画，如图 1-11 所示。

- 逐帧动画，需要分别设置对象的每个运动状态。其优点是有很大的灵活性，可以制作任何想要表现的内容；缺点是难度大、工作量大、文件大。
- 补间动画，只需设置对象的关键状态，中间的运动过程由系统通过自动生成补间。优点是制作简单、文件小；缺点是无法表达比较细腻的动作及运动规律。

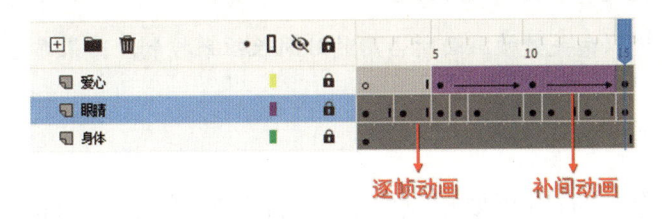

图 1-11

1.3.3 时间轴

1. 帧的基本类型

Animate 动画中的帧有四种类型：关键帧、过渡帧、普通帧和空白关键帧，如图 1-12 所示。

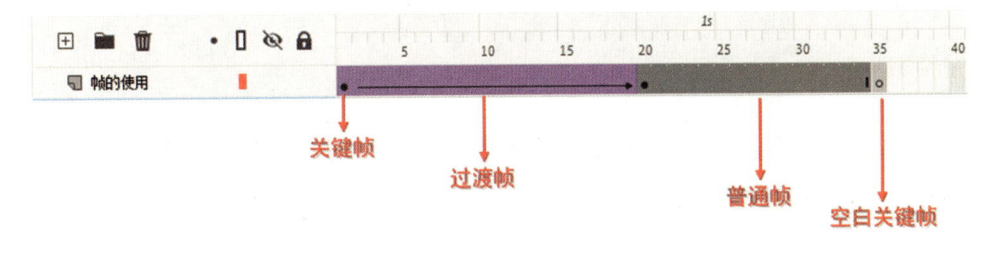

图 1-12

- 关键帧：设置内容的帧，是可编辑的帧。
- 过渡帧：自动生成的补间，不可编辑。
- 普通帧：位于关键帧后方，延长关键帧的显示时间，是延时的帧。
- 空白关键帧：相当于"容器"，是放置内容的帧。

2. 插入帧的操作

插入帧，可以选择时间点对应的帧格，右击帧格，在弹出的快捷菜单中选择相应的命令。快捷菜单如图 1-13 所示。

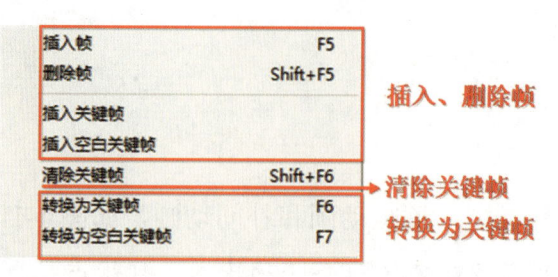

图 1-13

> **提示**
> - 编辑动画对象，就是编辑关键帧的内容。
> - 运动对象的速度可以由关键帧画面所占用的时间长短来控制。如果希望减速，即对关键帧延时。

3. 设置帧的显示状态

在动画的制作过程中，有时需要根据情况对时间轴上帧的显示状态进行调整，以便于设计者对帧的观察，如图 1-14 所示。

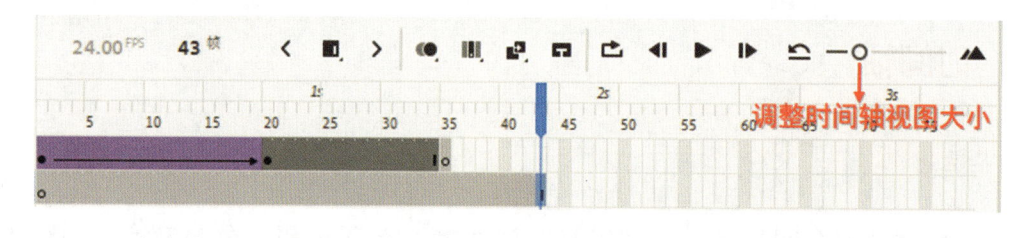

图 1-14

4. 设置帧频

帧频是动画播放的速度，以每秒播放的帧数（fps）为度量单位。24fps 是 Animate 文档的默认设置，通常在 Web 上能显示最佳效果。标准的动画速率也是 24fps。

5. 编辑帧

在制作动画的过程中，需要对帧进行各种操作。

（1）选择帧

- 选择单个帧：切换到"选择"工具后，单击帧格。
- 选择连续的帧：选择起始帧后，按住 Shift 键，再次单击结束帧；或者按住鼠标左键并拖动，效果如图 1-15（a）所示。

（2）移动帧

选择帧后，将鼠标指针移开，再次将鼠标指针放在选择的帧上，当鼠标指针的右下角出现一个矩形框时，拖动便可移动帧，如图 1-15（b）和图 1-15（c）所示。

（a）　　　　　　　　　　　（b）　　　　　　　　　（c）

图 1-15

（3）剪切帧、复制帧、粘贴帧、清除帧、选择所有帧、翻转帧

选择帧后，右击帧格，在弹出的快捷菜单中选择相应的命令，如图 1-16 所示。

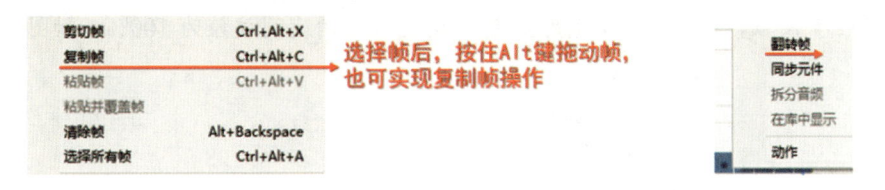

图 1-16

- 剪切帧、粘贴帧：可以实现移动帧操作。
- 清除帧：将帧转换为空白关键帧。
- 选择所有帧：选择当前图层的所有帧。
- 翻转帧：选择的帧逆序排列，最后一帧变成第一帧，第一帧变成最后一帧，以此类推。

提示

只要制作动画，就需要编辑帧。所以，我们一定要熟练操作，为后期提高效率打好基础。

1.4 案例实现

1.4.1 逐帧动画——大雁飞

学习目标：掌握运动规律类逐帧动画的制作技巧。

实现效果：天空中，大雁在原地展翅飞翔，如图 1-17 所示。

设计思路：借助时间轴的"绘图纸外观"按钮，分别绘制大雁飞翔的每一帧状态，最后连续播放，形成大雁飞的动作。

1-3　大雁飞

图 1-17

009

具体实现：

1. 绘制大雁的起始造型

① 场景 1，图层 1 重命名为大雁。

② 切换工具箱中"传统画笔工具" ✏ (【B】键)，在参数设置栏设置填充颜色为蓝色，通过英文输入法状态的中括号键调整画笔笔头大小。

🎬 **提示**

认真观察"属性"面板，画笔工具只有填充色，填充颜色的透明度值为 100%，如图 1-18 所示。

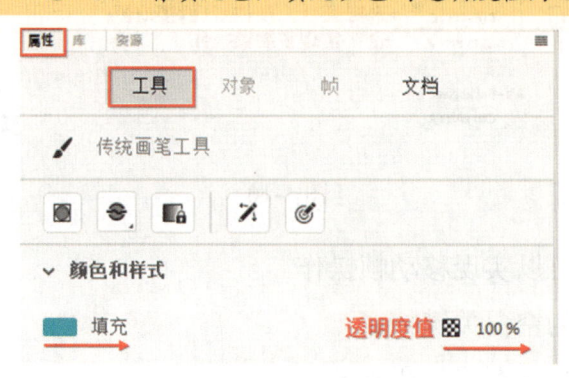

图 1-18

③ 按住鼠标左键拖动画笔，在舞台上绘制大雁的起始造型，如图 1-19 所示。

④ 切换工具箱中"选择工具"(【V】键)，选择大雁形状，在"对齐"面板（【Ctrl+K】键）中勾选"与舞台对齐"复选框，单击"水平中齐""垂直中齐"按钮，设置大雁位于舞台的正中位置，如图 1-20 所示。

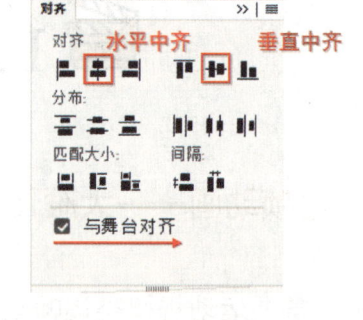

图 1-19　　　　　　　　　　　图 1-20

🎬 **提示**

在动画制作过程中，我们会习惯性地将对象位置调整到舞台正中，以保证导出影片的视觉效果。养成该习惯，在动画制作的中后期会降低动画的制作难度。

动画制作基础 任务 1

2. 创建大雁飞的动画

① 第 2 帧，插入空白关键帧（【F7】键），选择时间控制区上方的"绘图纸外观"按钮，在时间轴刻度上调整显示轮廓的范围为 2 帧；参照第 1 帧的大雁造型，绘制第 2 帧的大雁造型。如图 1-21 所示。

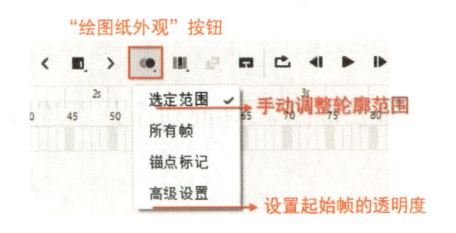

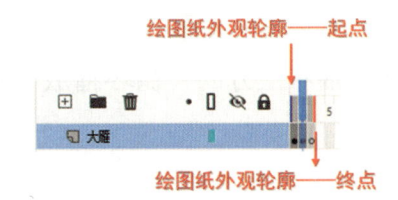

图 1-21

② 第 3 帧，插入空白关键帧（【F7】键），参照第 2 帧的大雁，绘制第 3 帧的大雁造型，如图 1-22 所示。

图 1-22

③ 重复以上两个步骤，完成大雁飞翔的完整过程，如图 1-23 所示。

图 1-23

提示

● 大雁飞翔的整个过程要构成一个完整的循环（即翅膀的运动：上—下—上），这样才能保证动画循环播放的时候大雁的飞翔一直流畅。

● 在影片播放时，大雁的飞翔动作是一直循环的，所以在制作大雁飞的动作时，一定要将最后一帧和第一帧的动作连贯起来。

● 为了让大雁飞翔的动作更加逼真，可以设置大雁身体随翅膀扇动而上下移动（大雁的翅膀向上时，其身体向下；大雁的翅膀向下时，其身体向上）。

3. 检查动画

① 拖动时间轴刻度上的播放指针，检查动作是否连续，如图 1-24 所示。

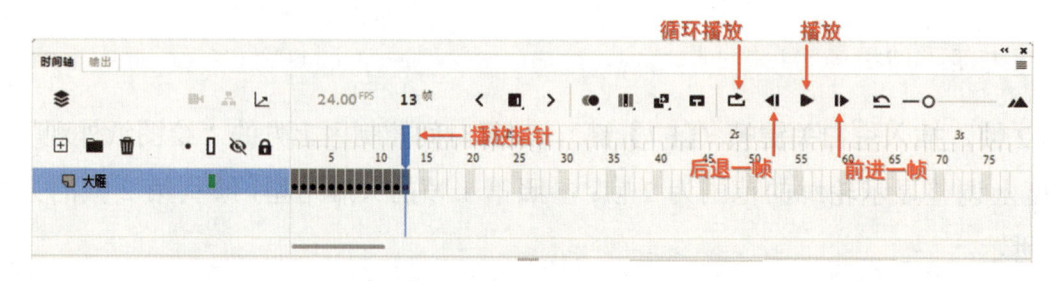

图 1-24

② 单击时间轴右上方的"循环播放"按钮，调整播放范围，检查动作是否连续，如图 1-25 所示。

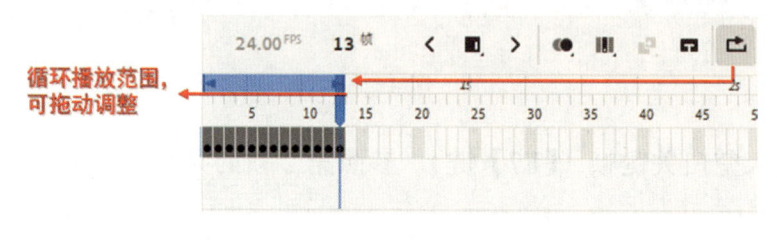

图 1-25

4. 调整动画播放速度

如果感觉大雁的翅膀扇动得太快，可以延长动画中每个关键帧的显示时间。方法是分别选择每个关键帧，然后按【F5】键延时，可以根据情况延时 1 帧或者 2 帧。但是注意每个关键帧延时时间一定要相同，以保持动画节奏一致。关键帧延时 2 帧后的时间轴效果如图 1-26 所示。

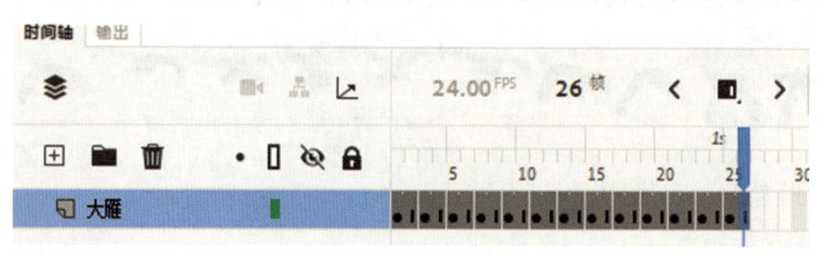

图 1-26

5. 保存动画，导出影片

① 选择菜单命令"文件"—"保存"，设置 fla 源文件的保存路径。

② 选择菜单命令"文件"—"导出"—"导出影片"，设置 swf 影片的保存路径。fla 源文件、swf 影片文件图标的区别如图 1-27 所示。

图 1-27

1.4.2 逐帧动画——写字效果

学习目标：掌握写字类逐帧动画的制作技巧。

实现效果："动画"两个字一笔一画地写出，如图1-28所示。

设计思路：使用"橡皮擦"工具从字的最后一笔的末端开始擦除，然后从倒数第二笔的末端开始擦除，最后选择所有帧，执行"翻转帧"操作。

图 1-28

1-4 写字动画

具体实现：

1. 处理文字（文字分离为形状）

① 选择工具箱"文本工具"（【T】键），在"属性"面板中设置：静态文本、方正隶书简体、大小80pt、字符间距10、填充蓝色、透明度100%，在舞台上输入文字"动画"，如图1-29所示。

图 1-29

② 选择文字对象，打开"对齐"面板（【Ctrl+K】键），将文字调整到舞台中心位置。

③ 选择舞台上的文字，按【Ctrl+B】键分离两次，观察文字上面为麻点状（在"属性"面板显示为形状）即可，如图1-30所示。

图 1-30

2. 图层的处理（每个字占用一个图层）

① 图层 1，选择"画"字，剪切，锁定图层。

② 新建图层 2，右击舞台，在弹出的快捷菜单中选择"粘贴到原位置"命令（【Ctrl+Shift+V】键），将"画"字放置在图层 2，锁定图层。

③ 图层 1 命名为"动"，图层 2 命名为"画"。

3. 创建写字的动画效果（倒着擦，翻转帧）

① 解锁"动"图层，在第 2 帧插入关键帧（按【F6】键），选择工具箱中的"橡皮擦工具"（【E】键），擦除"动"字最后一笔（竖撇）的末端。

② 插入关键帧，继续擦除"动"字最后一笔……

③ 最后一笔擦除完毕，插入关键帧，擦除"动"字倒数第二笔……

④ 重复执行步骤②和步骤③。当擦除至"动"字的第一笔（横）的最开头时，保留一点儿痕迹。擦除完的效果如图 1-31 所示。

图 1-31

⑤ 选择所有帧，右击选择的帧，在弹出的快捷菜单中选择"翻转帧"命令，锁定图层，如图 1-32 所示。

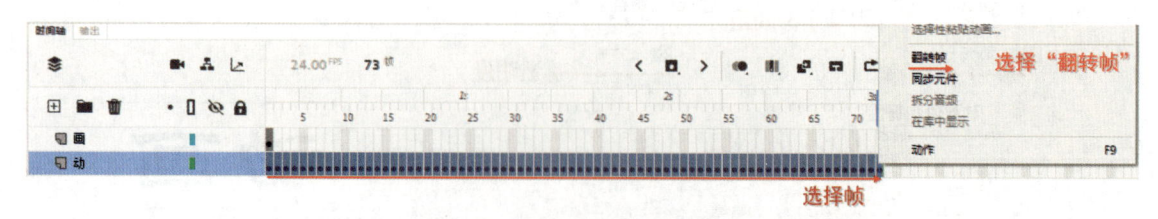

图 1-32

⑥ 解锁"画"图层，按照步骤①~⑤的思路制作"画"的写字效果。

4. 保持动画的同步

① 选择"画"图层的所有帧，移动帧到"动"字动画的时间点后面75帧处，锁定该图层。

② 拖动鼠标，选择"动"图层和"画"图层的第215帧，插入普通帧（【F5】键），将"动""画"两个字延时到210帧，效果如图1-33所示。

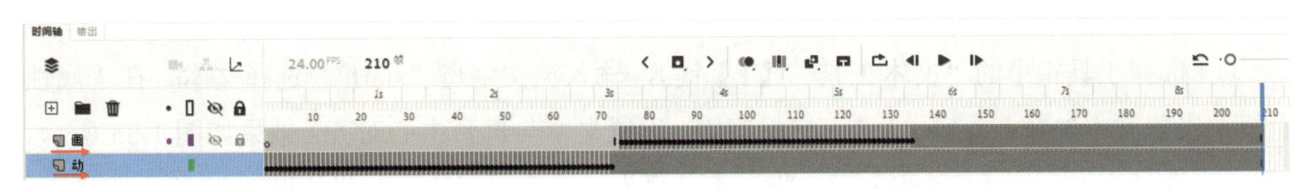

图1-33

5. 检查动画

单击时间轴面板上的"播放"按钮，查看动画效果。

6. 保存动画，导出影片

① 选择菜单命令"文件"—"保存"，设置fla源文件的保存路径。

② 选择菜单命令"文件"—"导出"—"导出影片"，设置swf影片的保存路径。

提示

- 写字效果的思路就是：倒着擦，翻转帧。在制作前，先分析好每个字的笔画，然后从字的最后一笔开始擦，然后擦倒数第二笔、倒数第三笔……擦除到第一笔的时候，要保留一点儿痕迹（可将放大倍数调大些），不要完全擦掉（完全擦除就成空白关键帧，如果将写字效果做成元件，就不容易辨识到它的位置）。
- 如果希望写字的速度快一些，可以每次擦除得多一点儿；反之，可以擦除得少一点儿。

1.4.3 逐帧动画——字母运动

学习目标：掌握文字跳动类动画的制作技巧。

实现效果：字母start从左到右逐字做向上升高的运动，同时震感十足，如图1-34所示。

设计思路：第1帧，字母"s"的中心点移至字母底部，同时高度为200%；第2帧，字母"t"的中心点移至字母底部，同时高度为200%……震感效果通过上、下、左、右方向键将每帧的字母随意移动一个或几个像素。

1-5 安装字体

Animate 动画设计实例教程

Startstartstartstartstart

图 1-34

具体实现：

1. 处理文字（文字处理为单个对象）

① 选择工具箱中的"文本工具"（【T】键），输入英文字母"start"。选择文本，在"属性"面板中设置文本参数：系列、大小、字母间距，设置文本与舞台中心对齐，效果如图 1-35 所示。

② 选择文本，按【Ctrl+B】键，将文本分离为 5 个字母对象，效果如图 1-36 所示。

图 1-35 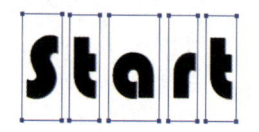   图 1-36

2. 制作动画

① 第 1 帧，选择字母"s"，选择工具箱中的"任意变形工具"（【Q】键），将变形中心移至字母的底部，如图 1-37 所示。

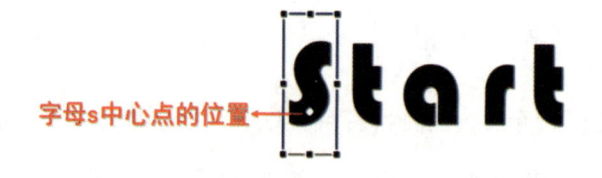

图 1-37

② 按【Ctrl+T】键，打开"变形"面板，关闭"约束"按钮，设置缩放宽度为 100%、高度为 200%，如图 1-38 所示。

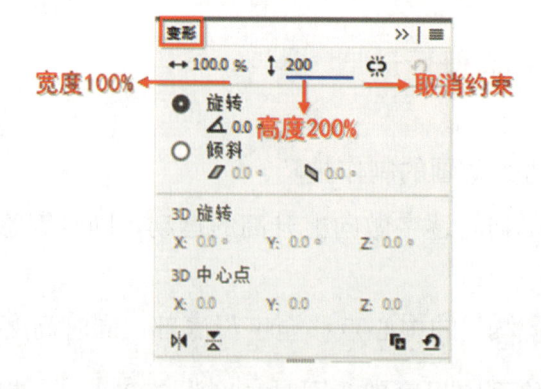

图 1-38

016

> **提示**
>
> 如果"变形"面板中的"约束"按钮被激活,则选择对象的高度、宽度一起变化,即等比例缩放;如果"约束"按钮关闭,则单独调整选择对象的宽度和高度。

③ 重复步骤①②,完成字母"t""a""r""t"的制作。

④ 如果要增加字母的震感,可以在第 2 帧、第 4 帧,利用键盘的上、下、左、右方向键将字母移动几个像素。

3. 检查动画

单击时间轴面板中的"循环播放"按钮,调整播放范围,查看动画效果。

4. 保存动画,导出影片

① 选择菜单命令"文件"—"保存",设置 fla 源文件的保存路径。

② 选择菜单命令"文件"—"导出"—"导出影片",设置 swf 影片的保存路径。

1.5 任务总结

1. 创建逐帧动画的方法有多种

① 导入多张静态图片,通过图片间的变化建立逐帧动画。

② 在每一帧绘制连贯的矢量图形,创建逐帧动画。

③ 导入序列图像创建逐帧动画。

④ 用文字作为逐帧动画的内容,通过改变文字位置等参数创建逐帧动画。

1-6 根据素材组织动画

逐帧动画就是设计者设定什么内容,动画就显示什么效果。但是,需要一帧一帧地将动画对象的状态表达出来,无论是难度还是对设计者自身绘图素质的要求都比较高。

将逐帧动画作为任务 1 的内容,是因为它的灵活性,大家可以在短时间内展开自己的想象,赋予动画以生命。另外,通过案例启发想象力,让大家在动画这个抽象、拟人、生命活跃、充满魅力的天空中自由翱翔。

2. 快捷键可以提高软件的工作效率

本任务涉及的常用快捷键如表 1-1 所示。

表 1-1 常用快捷键

分 类	快 捷 键		
Windows	撤销：Ctrl+Z	全选：Ctrl+A	向后删除：Delete
	复制：Ctrl+C	粘贴：Ctrl+V	向前删除：Backspace
选择工具	选择：V		
帧	插入帧：F5	转换为关键帧：F6	转换为空白关键帧：F7
绘图工具	画笔：B	矩形：R	文本：T
播放影片	播放影片：Enter	测试影片：Ctrl + Enter	
编辑工具	任意变形：Q	橡皮擦：E	缩放：Z
	手形工具：H		
面板	属性：Ctrl+F3	变形：Ctrl+T	对齐：Ctrl+K
	工具箱：Ctrl+F2	动作：F9	

3. Animate 导出格式

Animate 导出后的标准格式是 swf，swf 影片需要在有 Animate Player 的环境下才能正常播放。如果动画需要在脱离 Animate Player 的环境下播放，可以通过菜单命令"文件"—"导出"将影片导出为图像、影片、视频/媒体，如图 1-39 所示。

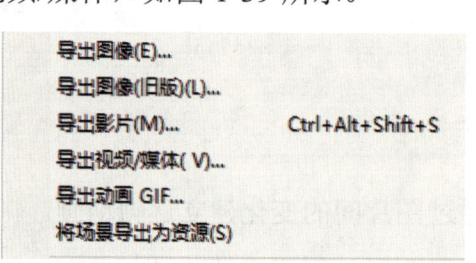

图 1-39

1-7 导出视频

Animate 增强了对视频格式文件的输出功能。在导出视频时，根据软件提示，下载相关插件即可导出成功；再通过"格式工厂"等工具软件转换视频格式，即可在手机、网络上播放。

1.6 提高创新

学习目标：掌握逐帧动画打字效果的制作技巧。

实现效果：文字"愿你有""温暖的心""聪明的脑""勇敢的心""健康的身"，从左到右逐字显示，文字显示完毕，动画停止播放。如图 1-40 所示。

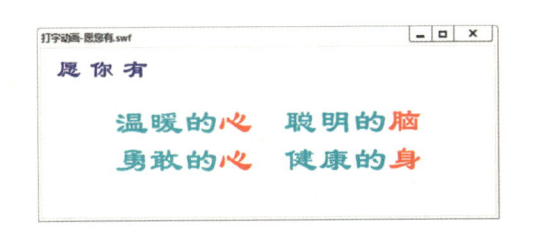

图 1-40

1-8 打字效果

设计思路:"愿你有""温暖的心""聪明的脑""勇敢的心""健康的身"一共有 19 个字。"愿你有"文本一直显示,单独放一个图层。"温暖的心""聪明的脑""勇敢的心""健康的身"逐字显示,所以单独放一个图层。

具体实现:

1. 制作打字动画效果

① 图层重命名为"愿你有"。输入文本"愿你有",设置字体、字号、字间距。

② 新建图层"温暖的心"。输入文本"温暖的心""聪明的脑""勇敢的心""健康的身",设置字体、字号、字间距,将设置好的文本分离为 16 个文本对象;选择"心""脑""心""身"4 个汉字,修改颜色为红色,如图 1-41 所示。

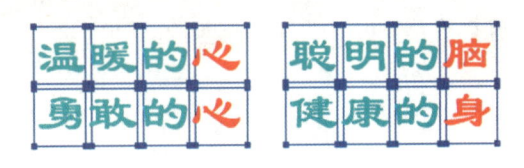

图 1-41

③ 选择 1~16 帧,按【F6】键,创建 16 个关键帧。

第 1 帧,删除后面 15 个字母,保留第一个汉字"温";第 2 帧,保留汉字"温暖";第 3 帧,保留汉字"温暖的"……如图 1-42 所示。

图 1-42

④ 对关键帧适当延时(【F5】键),使动画节奏舒适。

2. 控制动画停止播放

在简单的动画中,Animate 播放器顺序播放动画中的场景和帧。如果希望干预动画的播放顺序,可以通过时间轴控制函数实现。常见的时间轴控制函数如表 1-2 所示。

1-9 动作脚本

表 1-2 时间轴控制函数

函 数 名 称	功　　能
play( )	时间轴从当前帧播放动画
stop( )	使时间轴停止在当前帧上
gotoAndPlay( )	时间轴跳转到设定帧位置并且播放动画
gotoAndStop( )	时间轴跳转到设定帧位置并且停止在那一帧
nextFrame( )	时间轴跳转到下一帧并停止在那一帧
nextScene( )	跳转到下一场景第一帧
prevFrame( )	时间轴回到上一帧并停止在那一帧
prevScene( )	时间轴回到上一场景第一帧
stopAllSounds( )	停止时间轴上的所有声音播放

① 新建图层 as。在动画最后一帧插入空白关键帧。

② 按【F9】键，打开"动作"面板，输入"stop( )"。

③ 测试动画。播放到最后一帧，停止播放。

提示

动作脚本的添加对象：关键帧。

动作脚本的输入状态：英文输入法。

任务 2

绘制图形

在动画中，每片翠绿的叶片、每朵迷人的鲜花、每个鲜活的卡通形象、每个运动的场景，都可以通过 Animate 提供的绘图工具绘制出来。使用绘图工具绘制的图形均为矢量图形，是动画的基本图形元素。

2.1 任务分析

知识目标

掌握常用绘图工具"线条""钢笔""五角星形""文本""颜料桶""墨水瓶"的使用方法；
掌握图形形态"形状""绘制对象""组""元件"的区别。

技能目标

能够在图形的两种绘制模式——形状、绘制对象间灵活切换；
能够绘制、临摹简单图形。

素质目标

培养学生自主学习的能力：对绘图工具箱的灵活应用。

思政目标

提升学生的审美意识，培养学生对中国传统文化的欣赏能力。

2.2 难点剖析

在绘图过程中，需要对图形进行不同的处理，以达到绘图目的。Animate 中的图形有文本、形状、绘制对象、组合对象、元件等几种形态。如何合理地创建、处理图形，是在绘图中要掌握并且能够灵活应用的内容。

绘图工具命令较多，但一个案例中能够用到的工具并不多。本任务将动画中比较重要的绘图工具做了详细介绍，希望能够当作工具说明查看。学习时请以案例为主，在案例中用到某工具时，可在本任务中查询该工具的详细使用方法。

2-1　工具箱

2.3 相关知识

2.3.1 形状与绘制对象

Animate 2021 的工具箱灵活性强，新增了"编辑工具栏"按钮，可以在"工具箱"和"拖放工具"面板间对工具进行管理，如图 2-1 所示。

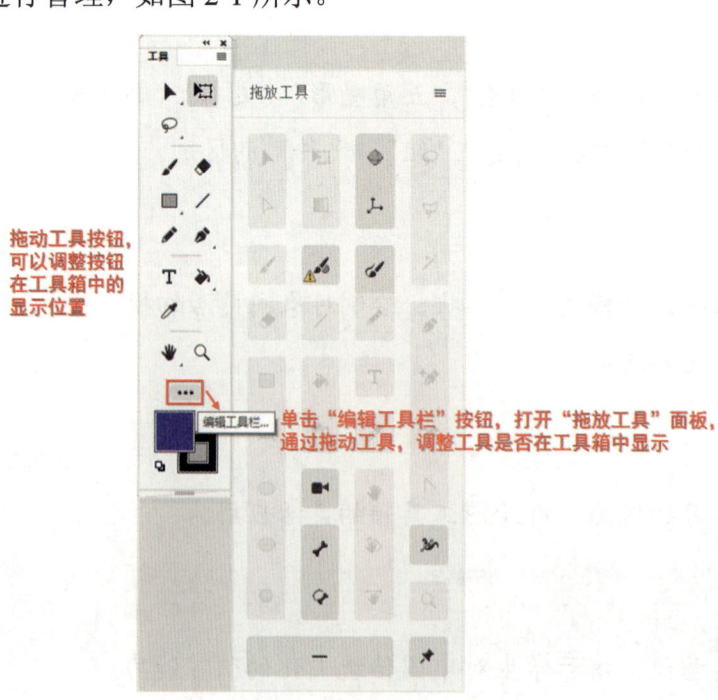

图 2-1

使用工具箱中的工具绘制的图形都是矢量图形。矢量图形由轮廓线和填充色两部分构成，如图 2-2 所示。

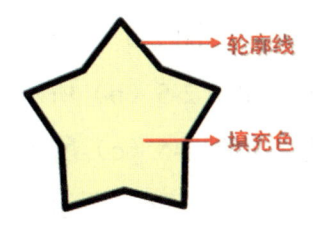

图 2-2

形状和绘制对象是线条、钢笔、画笔、矩形等绘图工具的两种绘制状态。选择这些绘图工具时，"绘制对象"按钮会在两个地方显示。

- 工具箱的底部，如图 2-3（a）所示。
- "属性"面板的"工具"选项中，如图 2-3（b）所示。

（a）　　　　　　　　　　　　　　　　（b）

图 2-3

在绘图过程中，形状和绘制对象因其固有特性（见图 2-4）常常综合使用。

形状，具有离散性，易分割，易形成新造型。

形状被选中后，会显示麻点

绘制对象，具有完整性，易修改，易整体移动。

绘制对象选中后，会显示蓝色的方框

图 2-4

1. 形状的特性

(1) 形状被选中后会显示麻点状
- 选择某条轮廓线：单击该轮廓线，如图 2-5（a）所示。
- 选择整条轮廓线：双击轮廓线，如图 2-5（b）所示。
- 选择某填充色：单击该填充色，如图 2-5（c）所示。
- 选择整个图形：双击填充色，如图 2-5（d）所示。

2-2 形状、绘制对象

(a) 单击线条，选中该段线条
(b) 双击线条，选中连续的线条
(c) 单击填充色，选择颜色
(d) 双击填充色，选择颜色及轮廓线

图 2-5

(2) 线条具有分割特性

例如，在鸡蛋图形的中间位置绘制一根线条，结果鸡蛋被分成了两部分，如图 2-6 所示。

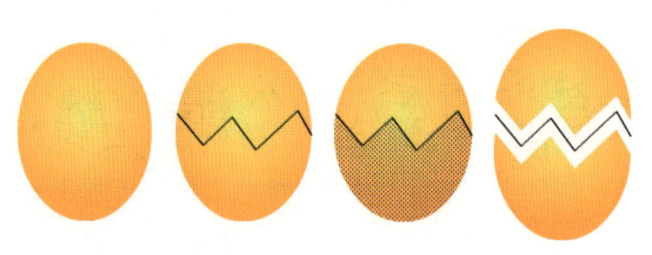

图 2-6

(3) 相同的填充颜色放置在一起，会结合成一个新的图形

例如，绘制 4 个轮廓线为无颜色、填充色为白色的椭圆，移动到一起后，会形成一个新的图形"白云"，如图 2-7 所示。

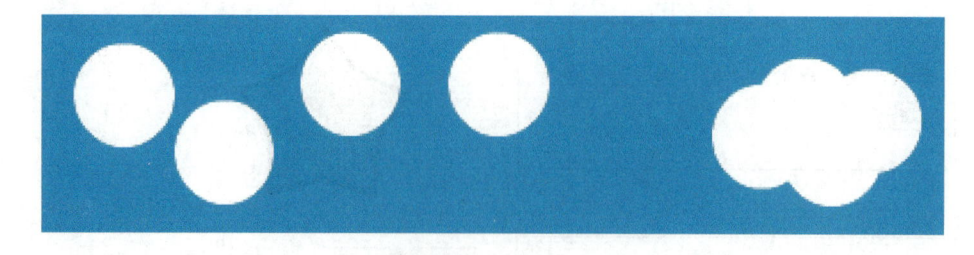

图 2-7

(4) 不同的填充颜色放置在一起，会相互分割、覆盖，形成新的图形

例如，一个黑色椭圆和一个黄色椭圆放在一起后，取消选择，上面的椭圆把下面被覆盖的椭圆区域覆盖掉；移动黑色椭圆后，黄色椭圆就变成一个月亮的形状，如图 2-8 所示。

图 2-8

2. 绘制对象的特性

绘制对象是可以直接编辑的图形对象，既保留了形状的可编辑性，又具备对象的完整性，如图 2-9 所示。

绘制对象，可直接编辑

图 2-9

提示

因为绘制对象本身是完整的个体，所以在创建闭合图形时，不能开启绘制对象模式。

3. 形状与绘制对象的相互转换

形状与绘制对象相互转换的操作有以下三种：

- 形状转换为绘制对象：菜单命令"修改"—"合并对象"—"联合"。
- 绘制对象转换为形状：菜单命令"修改"—"分离"（【Ctrl+B】键）。
- 打开"属性"面板，在"对象"选项中单击"创建对象"按钮或"分离"按钮，如图 2-10 所示。

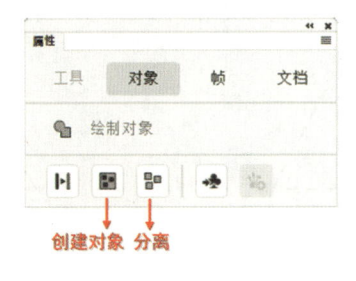

创建对象 分离

图 2-10

2.3.2 图形绘制工具

1. 常用绘图工具

常用绘图工具如图 2-11 所示。

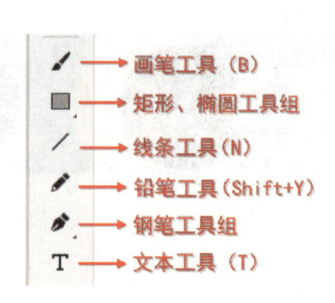

画笔工具（B）
矩形、椭圆工具组
线条工具（N）
铅笔工具（Shift+Y）
钢笔工具组
文本工具（T）

图 2-11

（1）线条工具（【N】键）

线条工具可绘制各种长度和角度的直线。选择"线条工具"，"属性"面板中会显示"线条工具"的相关属性，如图 2-12 所示。

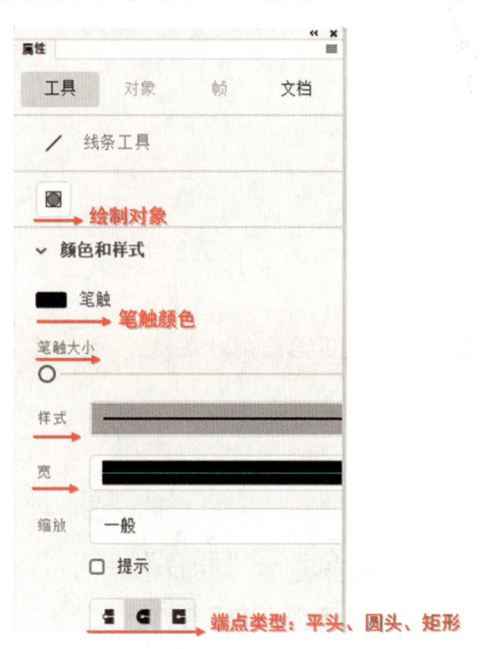

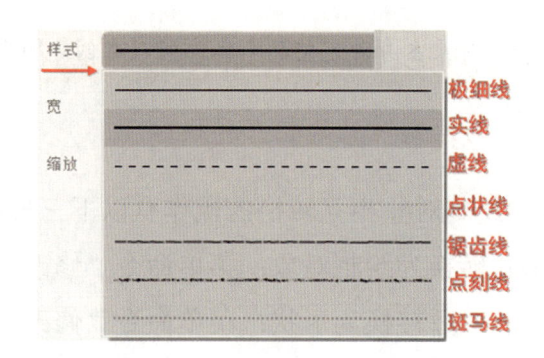

图 2-12

- 线条有极细线、实线、虚线和点状线等样式，如图 2-13 所示。

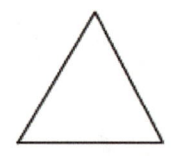

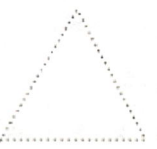

图 2-13

> 提示
>
> "极细线"样式在任何比例放大的情况下，其显示尺寸都保持不变。

- 线条的端点和接合为用户提供了多种线条和接合处的端点形状。

当用户从工具箱中选择了线条、铅笔、钢笔、墨水瓶等工具时，在"属性"面板中可以找到这些设置，如图 2-14 所示。

图 2-14

- 当开启"绘制对象"按钮时，绘制的直线是一个独立的对象，周围有一个淡蓝色的矩形框，此时不能创建闭合图形，如图 2-15 所示。

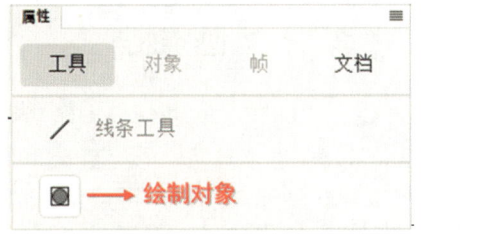

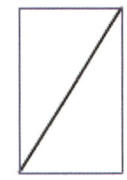

图 2-15

- 当开启"文档"面板中的"贴紧至对象"按钮时，Animate 能够自动捕捉直线的端点（当捕捉到线的端点时，端点处会出现黑色的圆圈），如图 2-16 所示。

图 2-16

> **提示**
>
> 在绘制直线时按住 Shift 键不放，可以画出水平、垂直或 45° 的直线。

（2）铅笔工具（【Shift+Y】键）

铅笔工具可以绘制不规则的曲线或直线。选择"铅笔工具"，"属性"面板显示"铅笔工具"的相关属性，如图 2-17 所示。

线条的颜色、粗细、形状和端点等可以在"属性"面板中直接调整，非常方便。这时对应的选项工具栏中有"绘制对象"按钮和"铅笔模式"按钮。"铅笔模式"按钮决定曲线以何种方式模拟手绘的轨迹，如图 2-18 所示。

- 伸直：用直线模拟手绘的曲线轨迹。
- 平滑：绘制平滑的曲线。

027

● 墨水：对绘制的线条不进行任何加工。

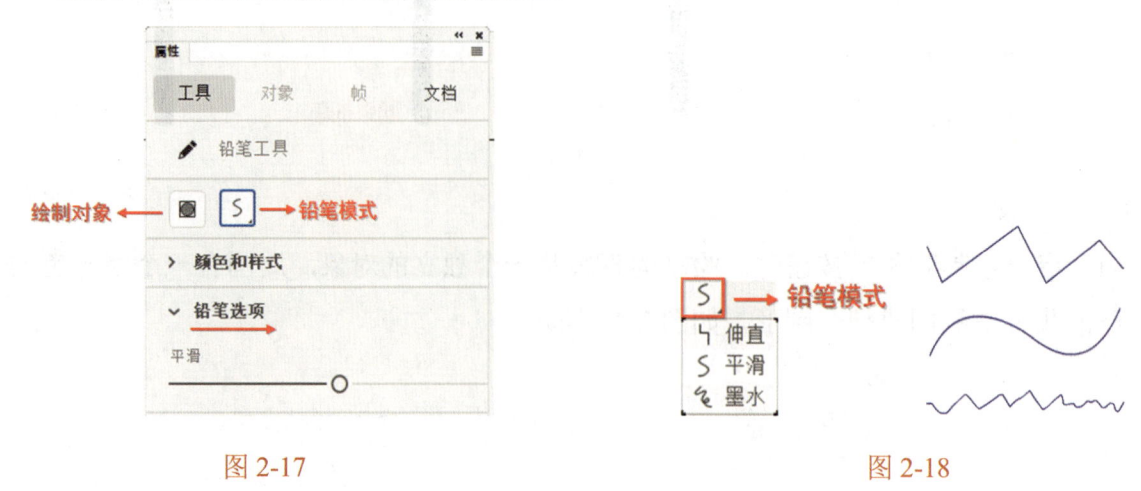

图 2-17

图 2-18

（3）钢笔工具组

钢笔工具组可以很轻松地创建曲线、直线，如图 2-19 所示。

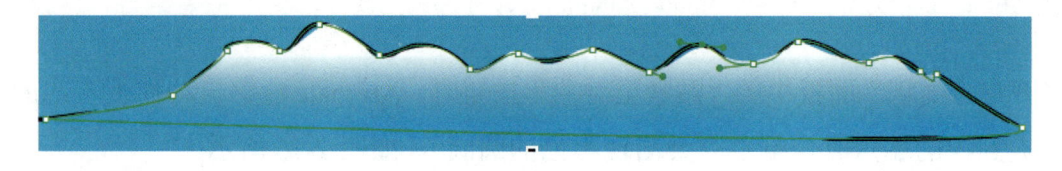

图 2-19

钢笔工具组包含"钢笔工具""添加锚点工具""删除锚点工具""转换锚点工具"，如图 2-20 所示。

图 2-20

① 钢笔工具（【P】键）：绘制精确、光滑的曲线，调整曲线曲率等。

选择"钢笔工具"，在舞台上拖动鼠标，生成一个曲线点。曲线点由节点（中央的空心矩形）和节点的方向柄（节点左右两侧伸出的切线，末端是实心的圆）构成。在舞台上继续拖动鼠标，生成曲线段。终点和起点重合，则生成闭合的区域。过程如图 2-21 所示。

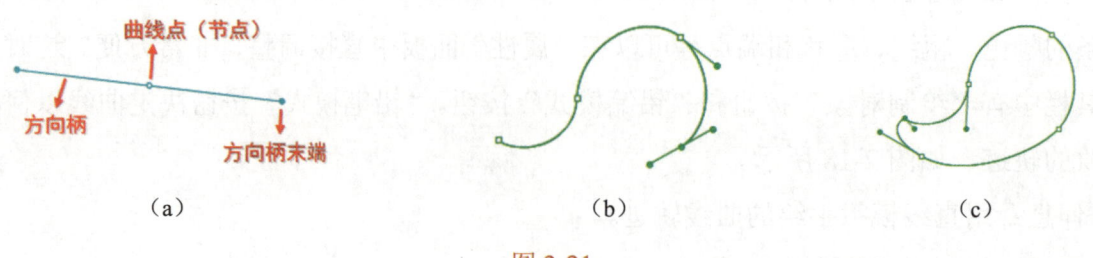

(a)　　(b)　　(c)

图 2-21

> **提示**
>
> 从图 2-21 中可以发现，两个相邻曲线点的切线共同决定了曲线的弧度。
>
> 选择"钢笔工具"，在舞台上单击，则生成直线点。

② 添加锚点工具（【=】键）：在钢笔路径上添加锚点。

③ 删除锚点工具（【-】键）：在钢笔路径上删除锚点。

④ 转换锚点工具（【Shift + C】键）直线和曲线点进行相互转换。

"转换锚点工具"的常用操作有以下三种：

- 单击曲线点，则曲线点转换为直线点，如图 2-22（a）所示。
- 拖动直线点，则直线点转换为曲线点，如图 2-22（b）所示。
- 拖动节点一侧方向柄末端的实心小圆，则方向柄折断，调整与该侧方向柄相邻的曲线段，如图 2-22（b）中的第三个图所示。

2-3 钢笔工具

（a）

（b）

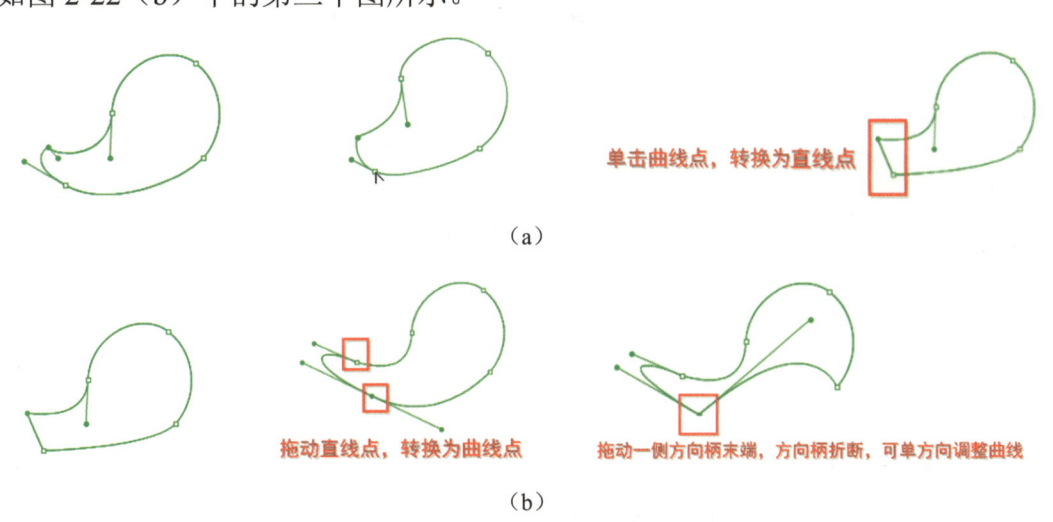

图 2-22

（4）矩形工具组、椭圆工具组和多角星形工具

绘图工具如图 2-23 所示。

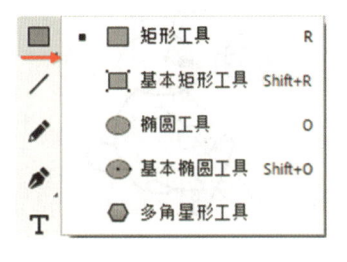

图 2-23

① 矩形工具组：包含"矩形工具""基本矩形工具"。

- 矩形工具（【R】键）：绘制矩形，如图 2-24 所示。

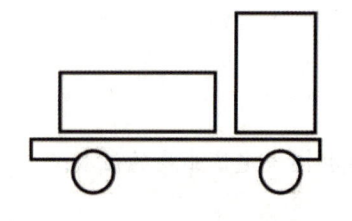

图 2-24

> 提示
>
> 按住 Shift 键，拖动鼠标可以绘制出正方形。

- 基本矩形工具（【Shift+R】键）：绘制正方形的图元。

在矩形图元"属性"面板的"矩形选项"中可以设置矩形的边角半径，绘制任意边角为正值或负值的圆角矩形，如图 2-25 所示。

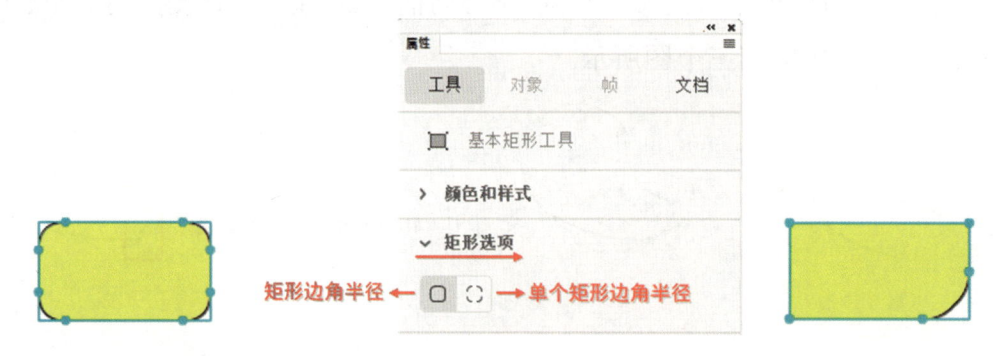

图 2-25

可以直接拖动矩形图元上的小圆点对矩形边角半径进行调整。

> 图形和图元的区别：图形是形状，绘制完成后不能调整参数；可以使用"选择"工具改变形状外观。图元，绘制完成后可以继续调整参数；不能使用"选择"工具改变形状外观。

② 椭圆工具组：包含"椭圆工具""基本椭圆工具"。

- 椭圆工具（【O】键）：绘制椭圆或正圆的矢量图形，如图 2-26 所示。

图 2-26

> 提示
>
> 按住 Shift 键，拖动鼠标可以绘制出正圆。

- 基本椭圆工具（【Shift+O】键）：绘制椭圆或正圆图元。

在"属性"面板的"椭圆选项"中可以设置椭圆图元的开始角度、结束角度、内径，制作出扇形或圆环，如图 2-27 所示。

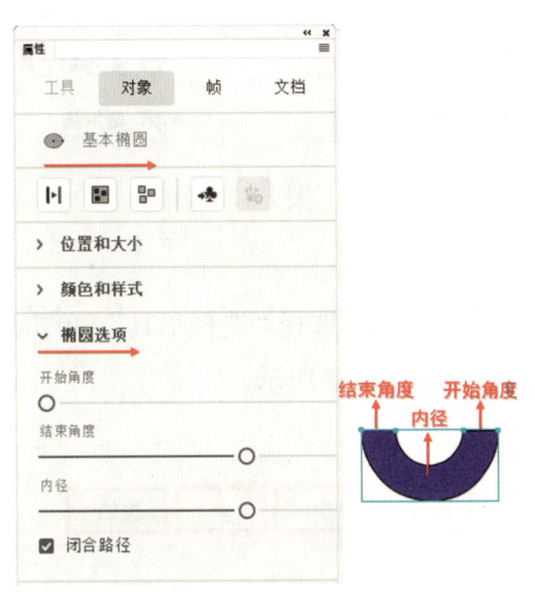

图 2-27

③ 多角星形工具。多角星形工具可以绘制多边形及星形。选择"多角星形工具"，直接在工作区拖动鼠标，可以绘制多边形，如图 2-28 所示。

如果要绘制星形图形，在"属性"面板的"工具选项"中设置参数：样式为星形，边数为 5，星形顶点大小为 0.5，如图 2-29 所示。

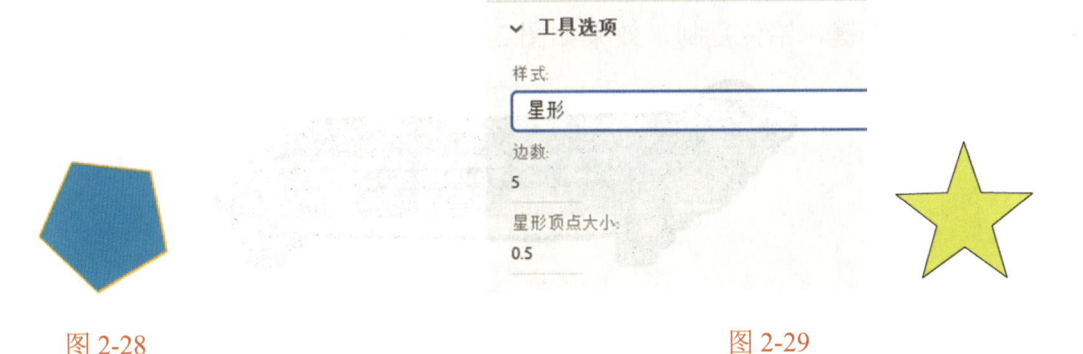

图 2-28   图 2-29

提示

星形顶点大小值范围为 0～1，值越小，星形顶点越尖。参数值变化效果如图 2-30 所示。

图 2-30

2. 选择工具组

选择工具组包含选择工具、部分选取工具、套索工具、多边形工具、魔术棒，如图 2-31 所示。

图 2-31

（1）选择工具（【V】键）

选择工具可以选择、移动、调整形状。选择"选择工具"，单击选择具体对象后，在"属性"面板会显示选择对象的相关属性，如图 2-32 所示。

图 2-32

在编辑图形时，常会用到复制、移动（微调）等操作。

① 复制。先单击选择"选择工具"，选择图形，然后可以选择如下操作中的任何一种方法。

- 按住【Alt】键，拖动鼠标，在鼠标右侧出现一个加号时，表示复制成功。
- 按【Ctrl+C】键复制，按【Ctrl+V】键粘贴。
- 按【Ctrl+D】键，错位复制，效果如图 2-33 所示。

2-4 选择工具

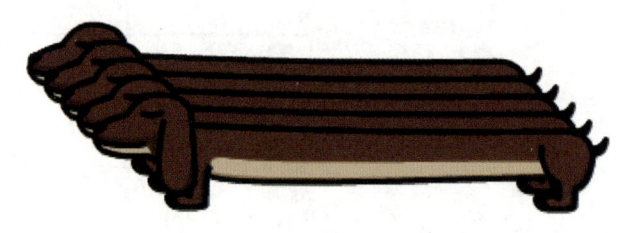

图 2-33

② 移动。先切换到"选择工具"，选择图形，然后可以进行如下操作：

- 拖动鼠标，随意拖动到任意位置。
- 移动键盘上的上、下、左、右方向键进行微移，一次移动一个像素。
- 按住【Shift】键，移动键盘上的上、下、左、右方向键，一次移动 10 个像素。

③ 改变造型。切换到"选择工具"，先取消对图形的选择。

- 情况一：将"选择工具"放在线条的边缘，"选择工具"右下角会出现一条曲线，此时可以将直线拖动为曲线，如图 2-34 所示。

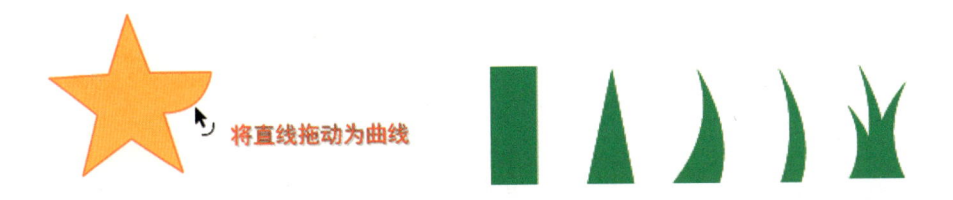

图 2-34

- 情况二：将"选择工具"放在线条的端点，"选择工具"右下角会出现一个直角，此时可以调整端点的位置，如图 2-35 所示。

图 2-35

- 情况三：在一条线条中间的任意位置，按住【Ctrl】键拖动，会为该线条增加一个节点，丰富造型，如图 2-36 所示。

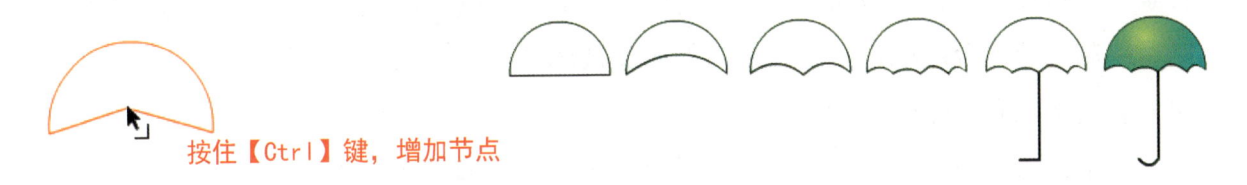

图 2-36

- 情况四：选择图形对象后，在"属性"面板会显示"形状选项卡"，可将对象进行平滑或伸直操作，如图 2-37 所示。

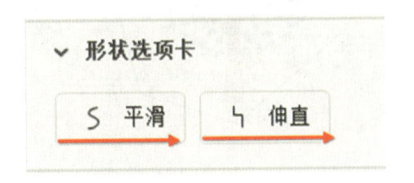

图 2-37

（2）部分选取工具（【A】键）

部分选取工具可以显示、编辑轮廓的节点，调节节点的方向柄。"部分选取工具"会显示对象的轮廓节点。如果是直线对象，仅显示节点；如果是曲线对象，则显示节点及方向柄。如图 2-38 所示。

选择节点后，移动、删除、调节节点操作。拖动节点切线的端点，调节线条或轮廓的形状。拖动方向柄末端的圆点，可以改变曲线的形状。如图 2-39 所示。

图 2-38　　　　　　　　　　　　图 2-39

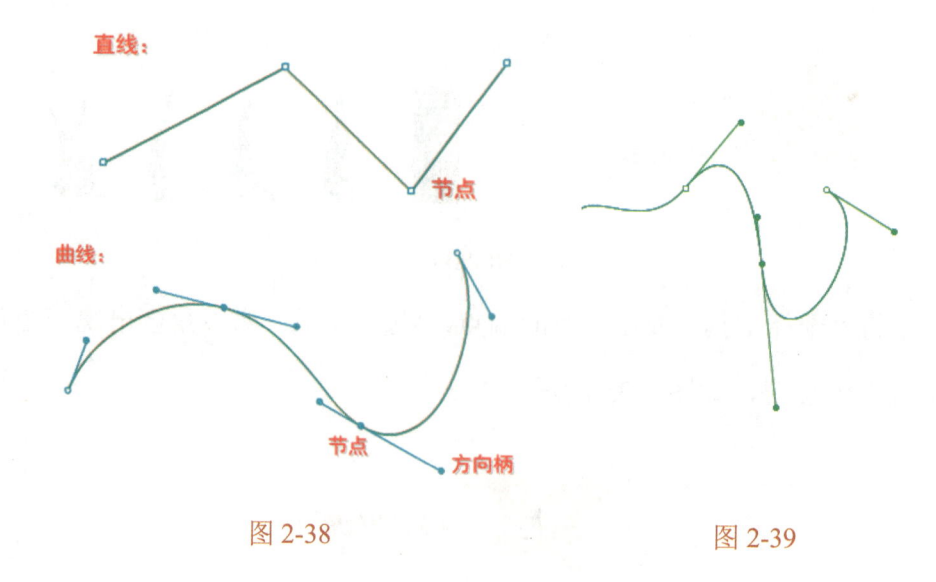

> 提示
>
> "部分选取工具"一般配合"钢笔工具"调整曲线使用。

（3）套索工具（【L】键）

套索工具可以在舞台上拖动鼠标指针选择连续的不规则区域或多个对象。选择"套索工具"，拖动鼠标绘制一个闭合区域，闭合区域内的对象被选中。

（4）多边形工具（【Shift+L】键）

多边形工具可以按照鼠标单击围成的多边形区域进行选择，如图 2-40 所示。

图 2-40

> 提示
>
> 在使用多边形套索模式进行选择时，鼠标指针回到起点后，要双击才能构成选择区域。如果选择的过程中要结束选择，也需要双击。

（5）魔术棒

魔术棒类似于 Photoshop 软件中的"魔术棒工具"，选择与单击处颜色相同的区域。在"属性"面板中通过设置"阈值"，可设置选取颜色的范围，值越大，选择的相似颜色区域就越多，如图 2-41 所示。

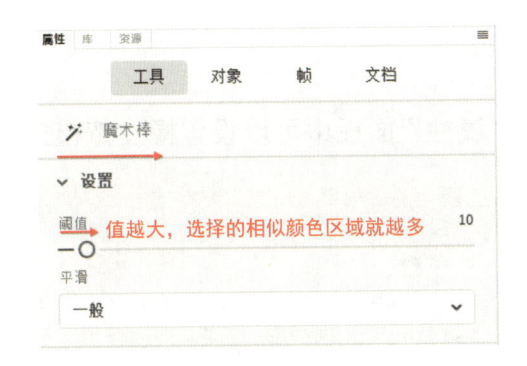

图 2-41

> **提示**
>
> 当使用魔术棒选择范围过大或过小时，可以通过设置"阈值"进行选择范围的调整。

3. 查看工具

查看工具包括"手形工具"和"放大镜工具"，如图 2-42 所示。

（1）手形工具（【H】键）

手形工具可以平移舞台画面，以便更好地观察细节。

图 2-42

> **提示**
>
> 按住空格键拖动鼠标也可以实现平移舞台的效果。

（2）放大镜工具（【Z】键）

放大镜工具可以改变舞台画面的显示比例，以便于观察。

- 拖动鼠标直接框选区域，实现区域放大，如图 2-43 所示。
- 按【Ctrl】键，同时鼠标滑轮向上，放大舞台。
- 按【Ctrl】键，同时鼠标滑轮向下，缩小舞台。

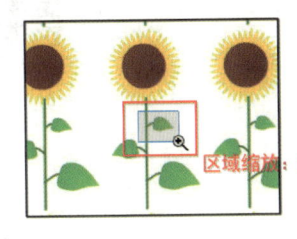

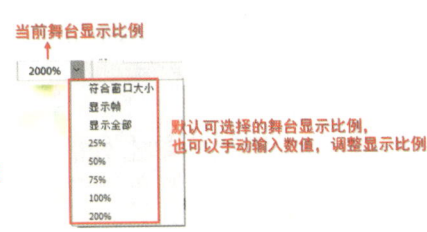

图 2-43

> **提示**
>
> - 区域放大是观察细节时的高效方法，使用频率高。
> - 在舞台编辑栏最右侧显示比例列表中可以直接选择系统定义好的显示方案，如"符合窗口大小""50%""100%"都是比较常用的选项。

035

4. 橡皮擦工具（【E】键）

功能介绍：擦除图形。在"属性"面板中可以设置橡皮擦模式、橡皮擦类型及水龙头模式来擦除对象，如图 2-44 所示。

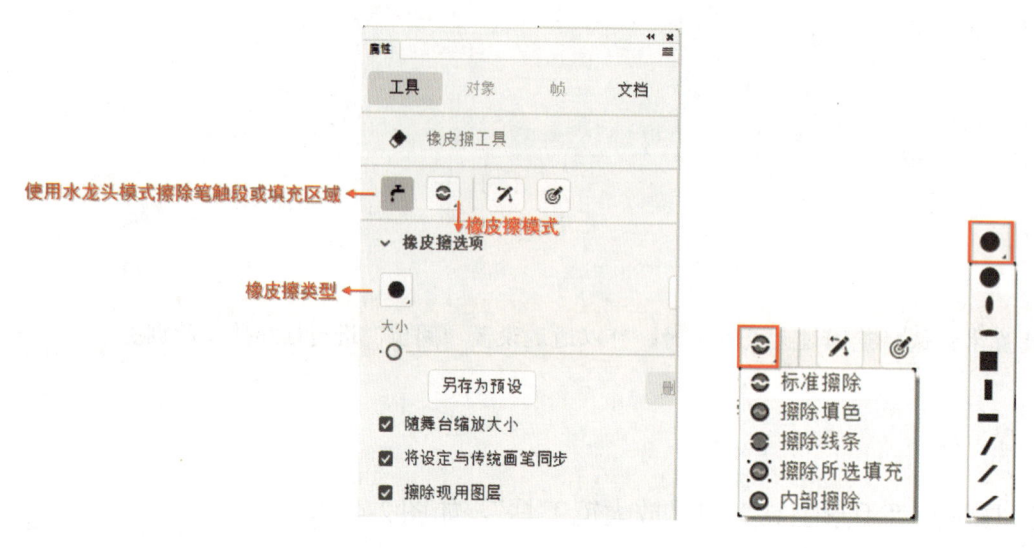

图 2-44

- 橡皮擦模式

标准擦除：拖动鼠标所经过的区域都会被擦除，默认使用模式。

擦除填色：拖动鼠标所经过的填充区域都会被擦除。

擦除线条：拖动鼠标所经过的轮廓线条都会被擦除。

擦除所选填充：首先用"选择工具"选择要擦除的填充色区域，然后选择"橡皮擦工具"，其次选择该擦除模式，最后在选择区域上拖动鼠标，就会擦除选择区域内的填充颜色。

内部擦除：在图形对象的一个封闭区域内拖动鼠标，会擦除封闭区域的部分颜色，但轮廓线不受影响。

- 橡皮擦类型

在该列表中，可以选择橡皮擦形状。

- 水龙头模式

选择该模式，可以把鼠标单击处的填充区域或笔触段擦除。

2-5 上色工具

5. 上色工具

上色工具包括"颜料桶工具""墨水瓶工具""滴管工具"，如图 2-45 所示。

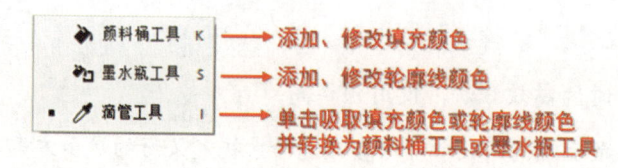

图 2-45

(1) 颜料桶工具（【K】键）

颜料桶工具可以添加或改变内部填充区域的色彩属性，如图 2-46 所示。

- 空隙大小

当用"颜料桶工具"填充指定区域时，可以忽略未封闭区域的一定缺口的宽度，实现对一些未完全封闭区域进行填充。

不封闭空隙：该设置要求填充的区域必须完全封闭，如果填充区域有缺口，则不能进行填充。

封闭小空隙：该设置允许填充的区域有一些小的缺口，填充时将忽略这些小缺口的存在。

封闭中等空隙：该设置允许填充的区域有一些中等的缺口，填充操作仍能进行。

封闭大空隙：该设置允许填充的区域有一些大的缺口，填充操作仍能进行。

图 2-46

> **提示**
>
> 这里指的大空隙，也是小空隙里相对较大的空隙。过大的空隙是无法填充的。

- 锁定填充

在"颜料桶工具""画笔工具"的"属性"面板中都有"锁定填充"按钮，它的作用是确定渐变色的参照基准。

当开启"锁定填充"按钮时，渐变色以整个舞台作为参考区域；当关闭"锁定填充"按钮时，渐变色以每个对象为独立的参考区域。图 2-47 所示是使用"渐变色变形工具"后显示的颜色填充范围。

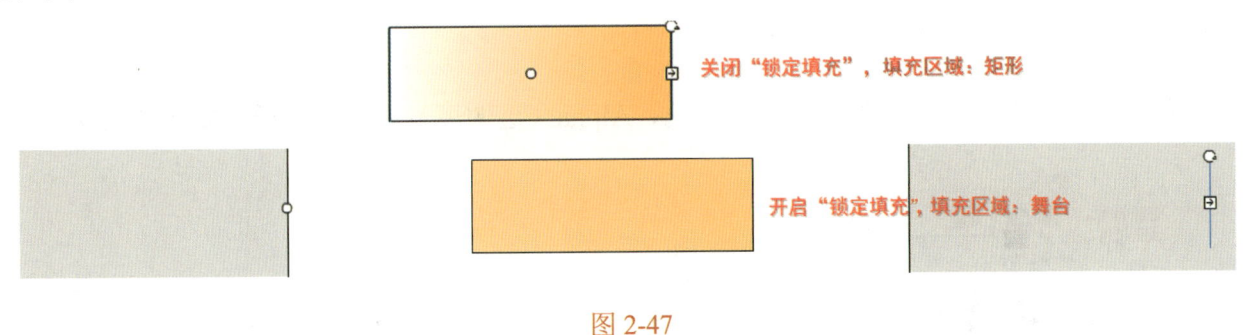

图 2-47

(2) 墨水瓶工具（【S】键）

墨水瓶工具可以添加或改变矢量线段、曲线及图形轮廓的属性，如图 2-48 所示。

> **提示**
>
> 如果图形只有填充色，使用"墨水瓶工具"为图形添加笔触颜色。
>
> 如果图形已有笔触色，可以使用"墨水瓶工具"重新设置笔触的颜色及属性。

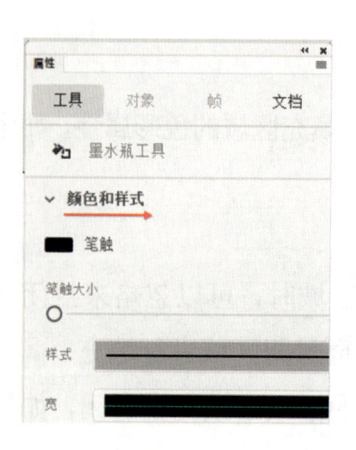

图 2-48

(3) 滴管工具（【I】键）

选择"滴管工具"单击对象时，可以获取对象的颜色属性，并自动切换到相关工具。

- 吸取填充

当"滴管工具"在填充区域中单击时将获取对象的填充属性，并自动切换到"颜料桶工具"。

- 吸取轮廓线

当"滴管工具"在轮廓线上单击时将获取对象的轮廓线属性，并自动切换到"墨水瓶工具"。

- 吸取文本

当"滴管工具"在文本上单击时将获取文本的属性，并自动切换到"文本工具"。

提示

临摹绘图时，可以借助"滴管工具"快速填充颜色。

6. 颜色面板（【Ctrl + Shift + F9】键）

功能介绍：编辑填充、轮廓、文本的颜色、Alpha（透明度）。"颜色面板"如图 2-49 所示。

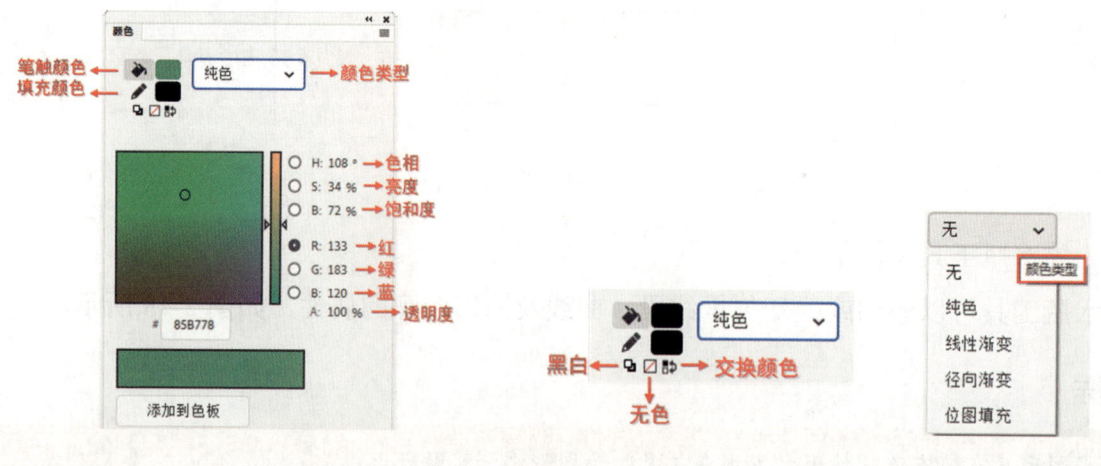

图 2-49

- 黑白：单击该按钮，切换到默认的填充样式，即黑色轮廓、白色填充。

- 无色：即没有颜色。
- 交换颜色：单击该按钮，笔触和填充颜色互换。
- 颜色类型

无：没有颜色。

纯色：使用单色填充。

线性渐变：由几个颜色指针（简称色标）控制的均匀过渡的渐变色，从起始点（左）到结束点（右）进行线性填充。

径向渐变：由几个色标控制的均匀过渡的渐变色，以起始点（左）为圆心，到结束点（右）为圆进行球形填充。

位图填充：使用导入的位图进行填充。

以上如图 2-50（a）所示。

> **提示**
>
> HSB 颜色模式：通过色相、亮度、饱和度表示颜色，H 的取值范围为 0°～360°，S 的取值范围为 0%～100%，B 的取值范围为 0%～100%。
>
> RGB 颜色模式：通过 R、G、B 的强度值表示颜色，强度的取值范围为 0～255。

- A：透明度（Alpha），取值范围为 0%～100%，值越小，透明度越高。值为 0%，完全不可见，即透明；值为 100%，完全可见，即不透明。效果如图 2-50（b）所示。

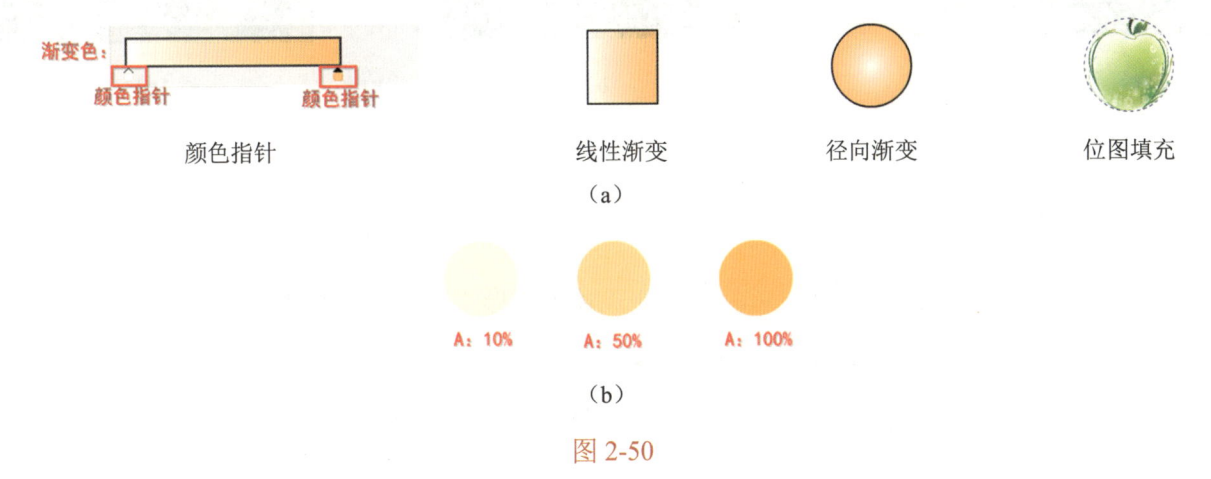

图 2-50

- 十六进制：使用 RGB 颜色模式，用十六进制表示颜色。以 "#" 开头的 6 位十六进制数值表示一种颜色，其中 6 位数字分为 3 组，每组两位，依次表示红、绿、蓝三种颜色的强度。255 对应于十六进制就是 FF，把 3 个数值依次并列起来。

> **提示**
>
> 十六进制值#FF0000 表示红色，#00FF00 表示绿色，#0000FF 表示蓝色，#FFFF00 表示黄色，#00FFFF 表示青色，#FF00FF 表示紫色，#000000 表示黑色，#FFFFFF 表示白色。

● "流"模式

当颜色类型为渐变色时,可以设置"流"模式,制作更加丰富的颜色效果。"流"模式有三种:扩展颜色、反射颜色、重复颜色,如图 2-51 所示。

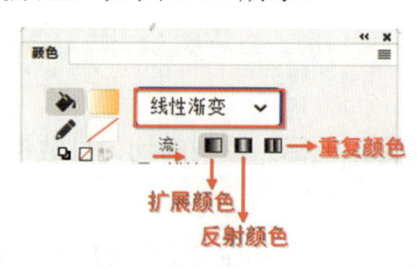

图 2-51

提示

当使用"渐变色变形工具"将颜色的填充范围调整为小于形状本身状态时,"流"模式生效。

具体操作方法如下:

① 选择"渐变色变形工具",将颜色范围调小。

② 在"颜色"面板选择"流"模式:扩展颜色,效果如图 2-52(a)所示,颜色范围以外,以默认的纯色向外填充;反射颜色,效果如图 2-52(b)所示,颜色范围以外,以镜像效果填充;重复颜色,效果如图 2-52(c)所示,颜色范围以外,重复渐变色填充。

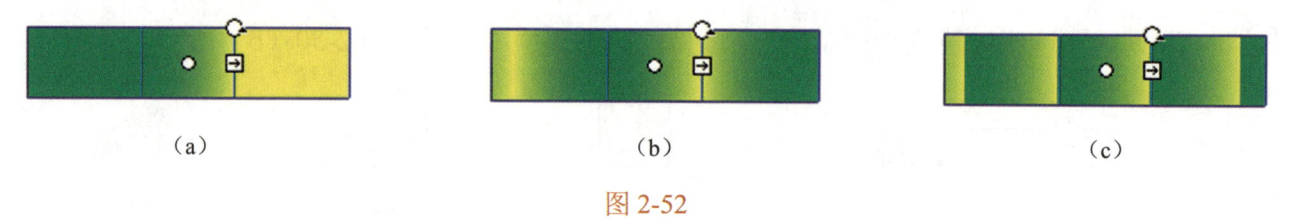

(a)　　　　　　　　　　(b)　　　　　　　　　　(c)

图 2-52

7. 任意变形工具组

任意变形工具组包括"任意变形工具"和"渐变变形工具",如图 2-53 所示。

图 2-53

(1) 任意变形工具(【Q】键)

任意变形工具可以对图形进行缩放、旋转、倾斜、扭曲、封套变形。选择"任意变形工具"并选择对象,在对象外围会显示任意变形框,如图 2-54 所示。任意变形框由 8 个矩形控制点和一个变形中心点构成。

● 变形中心点

变形中心点是变形的参照点,可以根据不同需要调整。

2-6　任意变形工具

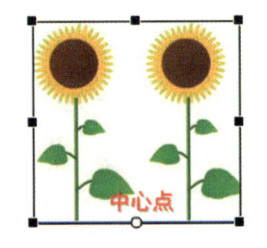

图 2-54

- 旋转变形

将鼠标指针放在矩形的 4 个顶点外侧，当鼠标指针变成逆时针带箭头弧线时，拖动鼠标即可旋转，如图 2-55 所示。

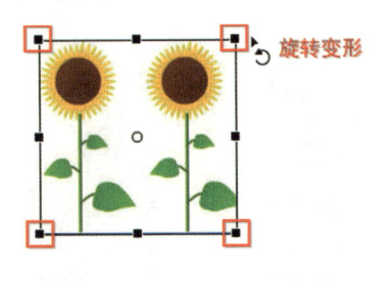

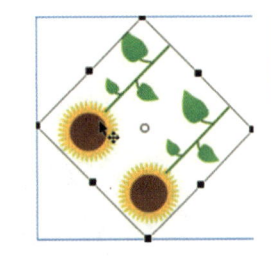

图 2-55

- 缩放变形

将鼠标指针放在矩形的 4 个顶点上，上下拖动鼠标，即可等比例缩放，如图 2-56 所示。

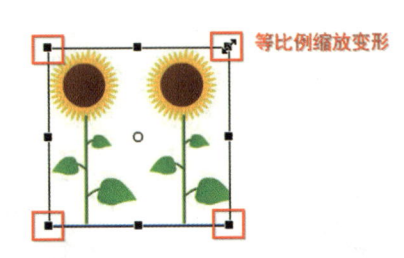

图 2-56

把鼠标指针放在中间的 4 个点上，当鼠标指针变成上下的双向箭头时，拖动鼠标可水平缩放，如图 2-57 所示。

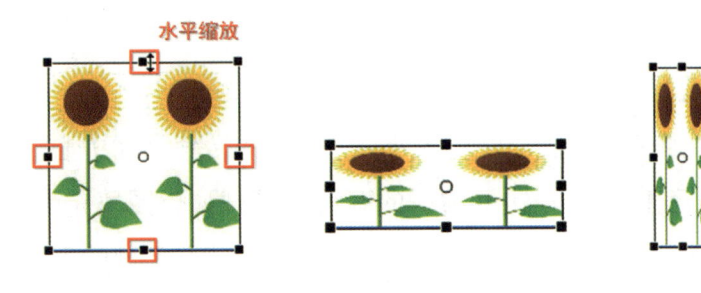

图 2-57

- 倾斜变形

将鼠标指针放在矩形控制点中间的实线上，拖动鼠标即可倾斜变形对象，如图 2-58 所示。

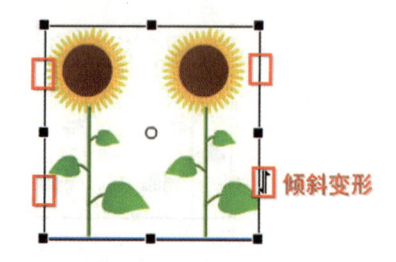

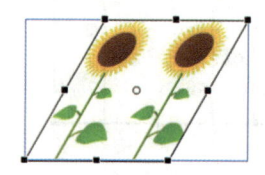

图 2-58

- 扭曲变形

按住【Ctrl】键，将鼠标指针放在图形的任意一个顶点上，拖动鼠标可实现扭曲变形，如图 2-59 所示。

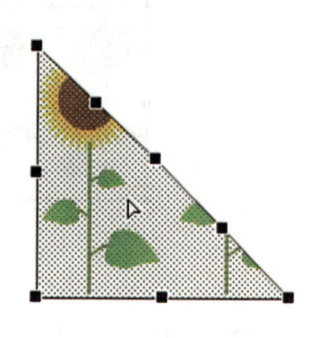

图 2-59

- 封套变形（只针对形状）

选择"任意变形"工具选项栏中的"任意变形"按钮，切换到"封套"模式，此时节点为曲线点，调整方向柄实现造型的调整，如图 2-60 所示。

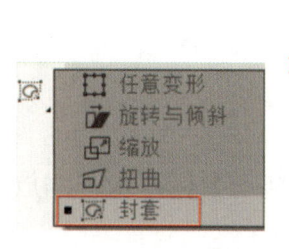

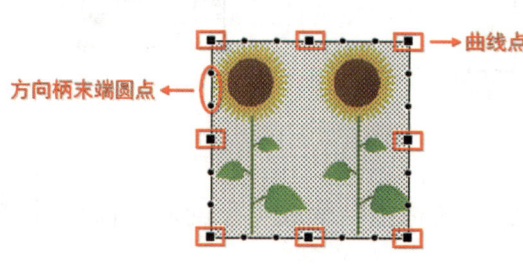

图 2-60

（2）渐变变形工具（【F】键）

渐变变形工具可以对渐变色位图填充的大小、方向、旋转角度和中心位置进行调整。选择"渐变变形工具"，单击要编辑的渐变色区域或位图填充区域，在该颜色区域上会显示带有编辑手柄的示意框。示意框表示填充区域的渐变色或位图的有效范围，如图 2-61 所示。

2-7 渐变变形工具

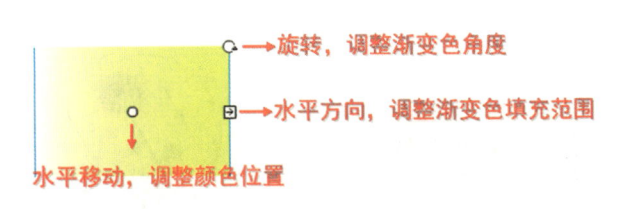

"渐变变形工具"——线性渐变色

"渐变变形工具"——径向渐变色

"渐变变形工具"——位图填充

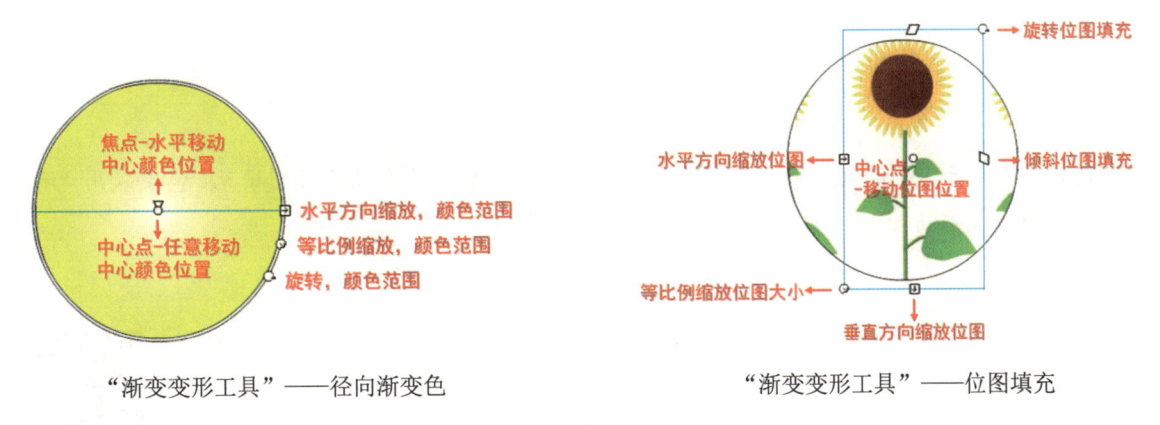

图 2-61

- 中心点：移动中心点手柄可以更改渐变的中心点。移动手柄的变换图标是移动箭头，如图 2-62 所示。
- 焦点：移动焦点手柄可以改变径向渐变的焦点。仅当选择径向渐变时，才显示焦点手柄，焦点手柄的变换图标是一个倒三角形，如图 2-63 所示。

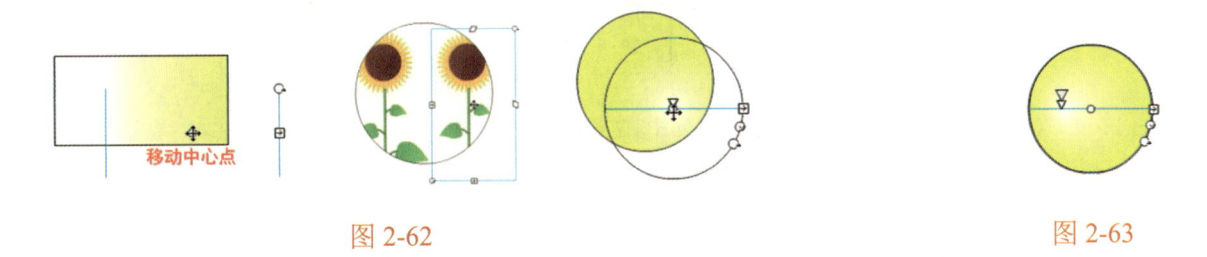

图 2-62

图 2-63

- 大小：移动等比例缩放手柄图标、水平缩放、垂直缩放手柄可以调整渐变色的宽度或高度，如图 2-64 所示。

图 2-64

- 旋转：移动旋转手柄可以调整渐变的角度（见图 2-65）。

043

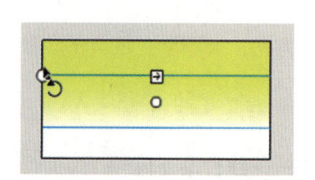

图 2-65

> **提示**
>
> 位图填充时，矩形示意框的大小和位图尺寸是保持一致的。如果用大尺寸位图填充，需要使用"渐变变形工具"缩小位图填充范围。

2.3.3 组和元件

1. 组

当多个形状或绘制对象需要被整体选择、移动、复制时，可以将它们编成一个组，如图 2-66 所示。

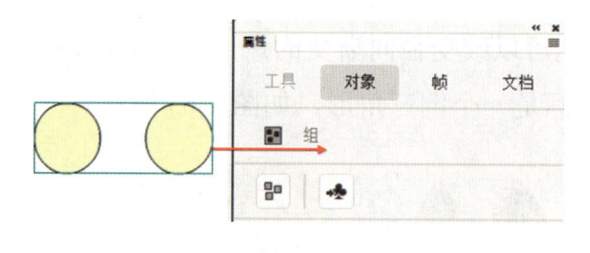

2-8 组和元件

图 2-66

> **提示**
>
> 组，相当于一个"面包袋"，里面的每块"面包"都是独立的。
>
> 组对象作为一个整体，不能直接修改颜色、造型。

在编辑组内对象时，需双击进入组内部，在编辑栏"场景 1"的后面可以看到"组"标记，表示已进入组内部。编辑完成后，单击编辑栏的"场景 1"按钮或向左的蓝色箭头按钮，都可以返回"场景 1"的编辑环境，如图 2-67 所示。

（1）将多个图形编成组

菜单命令"修改"—"组合"（【Ctrl+G】键）。

（2）取消组

菜单命令"修改"—"分离"（【Ctrl+B】键）/"取消组合"（【Ctrl+Shift+G】键）。

2. 元件

图 2-68 中，相同的图形出现了多次，并且白云是半透明的。像这种多次被使用并具有自己

特有属性的图形，可以将它制作成一个元件。

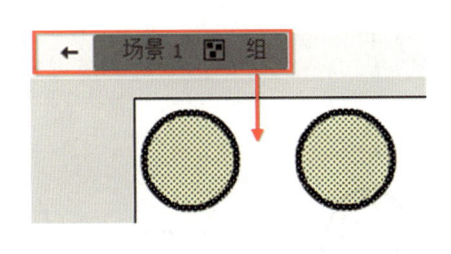

图 2-67

图 2-68

（1）元件的特点
- 元件可以在当前文档和其他文档中重复使用，并且具有独立的编辑环境，每个元件都有自己的时间轴、图层和舞台。
- 元件可以生成多个元件实例（简称实例），如图 2-69 所示。

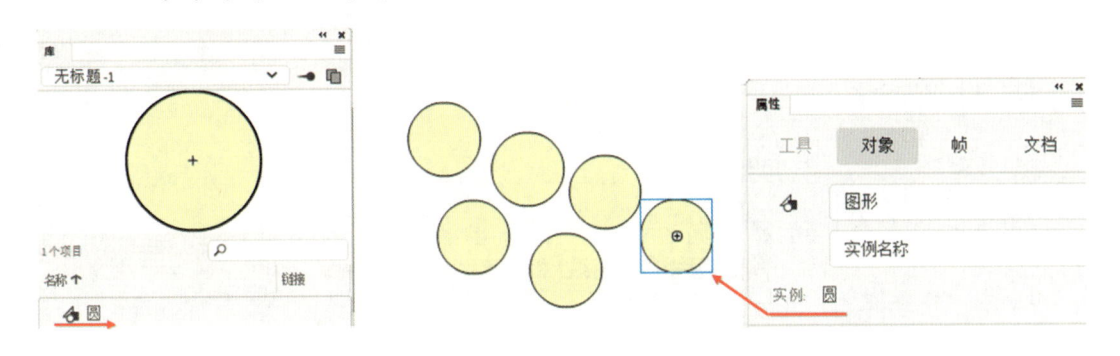

图 2-69

- 元件发生改变，实例都随之改变，如图 2-70 所示。

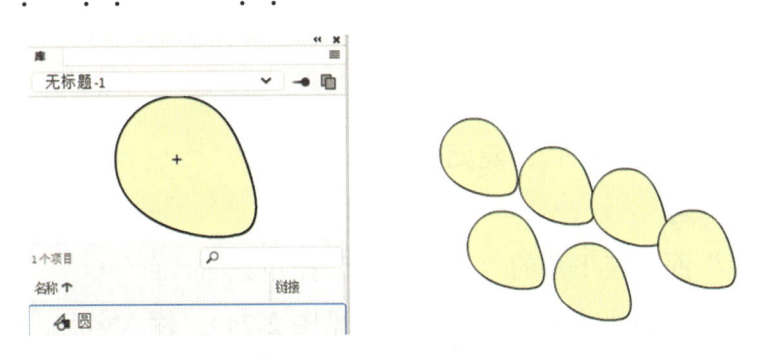

图 2-70

- 每个实例都具有自己特有的属性：亮度、色调、高级、Alpha（透明度），如图 2-71 所示。改变属性值可以实现实例的多样化。
- 实例发生改变，元件不变。
- 实例分离后，与元件失去联系，如图 2-72 所示。

（2）创建元件

元件是 Animate 中频繁使用的对象类型。元件被创建后，会自动存储在"库"面板中，通过

"库"面板的预览窗口，可以观察元件的内容，如图2-73所示。

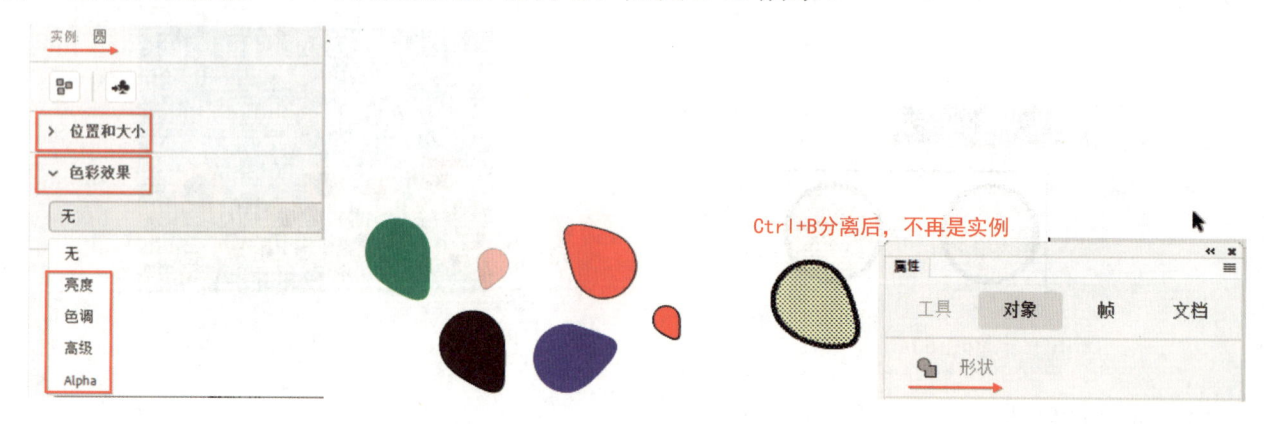

图 2-71

Ctrl+B分离后，不再是实例

图 2-72

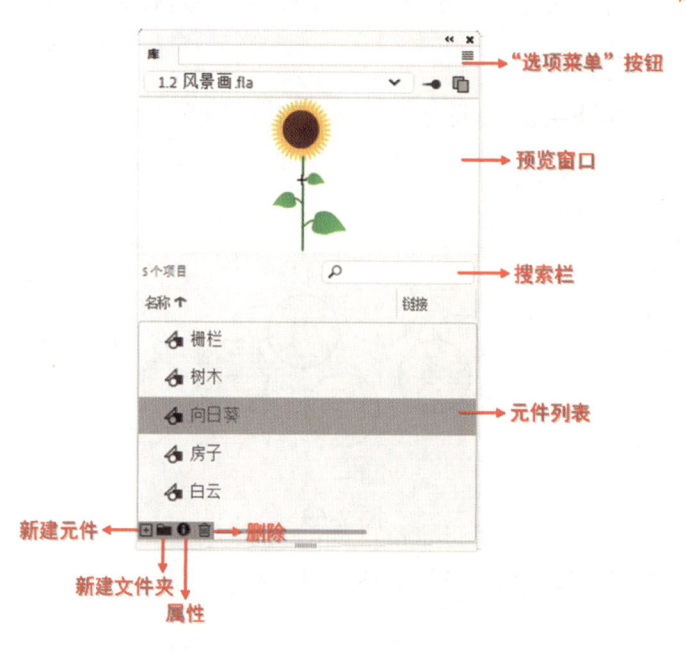

图 2-73

方法一：菜单命令"插入"—"新建元件"。

方法二：【Ctrl+F8】键。

方法三：单击"库"面板左下角的"新建元件"按钮。

这三种方法都会弹出"创建新元件"对话框（见图2-74），输入名称，选择类型，单击"确定"按钮，进入元件的编辑环境。

提示

● 元件的背景色和舞台的背景色相同。

● 元件的编辑环境无限大，在坐标（0，0）点处有一个十字形标识 ┼ 。

为方便定位，习惯性地通过"对齐"面板，将对象放置在元件的中心（0，0）点处。这样做的优点是：图形在元件中的位置明确，元件在使用时整齐利落，不易出错。

元件创建成功后，可以单击舞台左上角的"场景1"按钮或者向左的箭头按钮，切换到主场景，继续进行动画的制作。

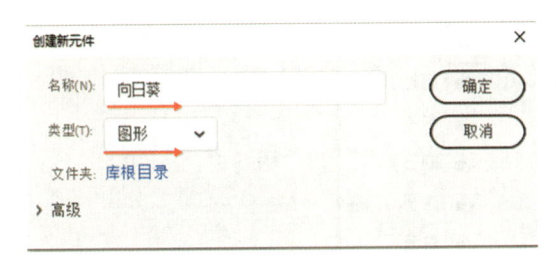

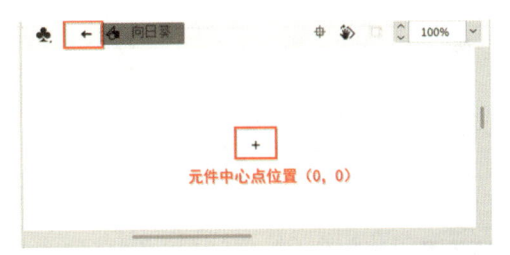

图 2-74

（3）转换为元件

有时绘制完图形后，才发现需要把这个图形创建成元件。这时还可以将它转换为元件，具体方法有四种。

方法一：菜单命令"修改"—"转换为元件"。

方法二：选择图形，按【F8】键。

方法三：右击该图形，在弹出的快捷菜单中选择"转换为元件"命令。

方法四：在"属性"面板的"对象"选项卡中，单击"转换为元件"按钮，如图2-75所示。

单击"转换为元件"按钮后，会弹出"转换为元件"对话框（见图2-76），输入名称，选择类型，单击"确定"按钮，进入元件的编辑环境。

图 2-75

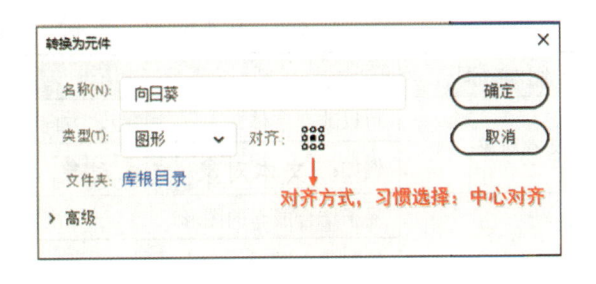

图 2-76

（4）修改元件

元件创建后，如果需要修改元件的内容，可以进入该元件的编辑环境进行修改。从主场景切换到元件的编辑环境，可以执行以下操作中的任一种：

方法一：在"库"面板中选择元件名称后，双击"库"的预览窗口。

方法二：在"库"面板中双击元件名称前的图标，如图2-77所示。

方法三：在场景中，单击编辑栏的"编辑元件"按钮，在弹出的下拉列表中选择相应的元件，如图2-78所示。

方法四：双击实例，进入元件编辑环境，如图2-79所示。

在场景中双击实例进入元件编辑状态后，会以当前内容为背景。此时，舞台内容颜色变浅，不可编辑，适合中后期动画制作及调试。

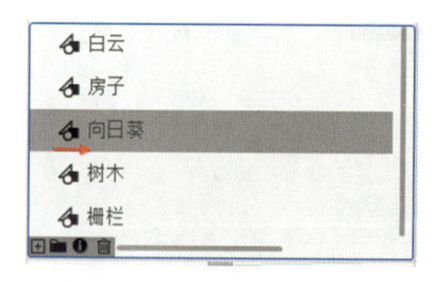

图 2-77

图 2-78

图 2-79

"文本对象""形状""绘制对象""组""元件"的特点对比（见表 2-1）。

表 2-1 文本对象、形状、绘制对象、组、元件的特点对比

绘图名词	特　点
文本对象	可以改变字体、字号、间距、方向
	例如：
形状	易于结合成新的图形
	绘制闭合图形
	例如：
绘制对象	可直接编辑，同时保持了图形的独立性
	不能绘制闭合图形
	例如：
组	像一个袋子，把对象装起来，便于管理
	在编辑组内容时，需双击进入"组内"；编辑后，再返回"场景"
	例如：
元件	元件存储在"库"面板中，可生成多个实例
	元件内容改变，实例随之改变
	实例有自己的属性：亮度、色调、高级、Alpha
	元件实例分离后，与元件没有关系

2.4 案例实现

2.4.1 变形复制——玫瑰

学习目标：掌握形状、绘制对象在绘图中的转换方法及应用。

实现效果：红色玫瑰花，绿色茎、叶，浅色阴影，构成了一幅和谐的美图。

设计思想：使用"多角星形工具"绘制花朵；通过"变形"面板的"重置选取和变形"按钮，实现花朵的复制；使用"线条工具"（【N】键）、"选择工具"（【V】键）绘制叶子；使用"钢笔工具"（【P】键）、"部分选取工具"（【A】键）绘制花茎；完成案例的制作。

2-9 玫瑰

案例制作中，要特别注意绘图工具的两种状态：形状、绘制对象的切换，形状和绘制对象之间的互相转换。

具体实现：

1. 绘制玫瑰花

① 在"场景1"中，将图层1重命名为"玫瑰花"。

② 绘制花朵（具体操作如下）。

在工具箱选择"多角星形工具"，激活"绘制对象"（【J】键）按钮，在颜色工具栏设置笔触颜色为黑色，填充颜色为红色，如图2-80所示。

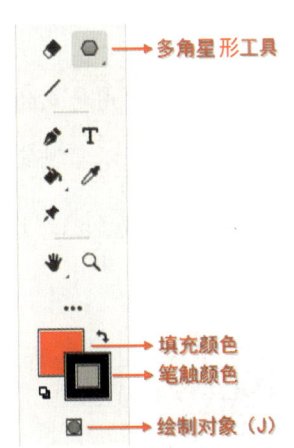

图 2-80

选择"多角星形工具"，在"属性"面板"工具选项"中将"样式"调整为"星形"，边数为5，顶点大小为0.85，在舞台上创建五角星形，如图2-81所示。

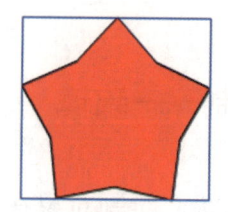

图 2-81

选择五角星图形，打开"变形"面板（【Ctrl+T】键），设置"变形"面板参数：约束，宽、高比为 90%，旋转角度为 15°，重复多次单击"重制选区和变形"按钮，得到图 2-82 所示的造型。

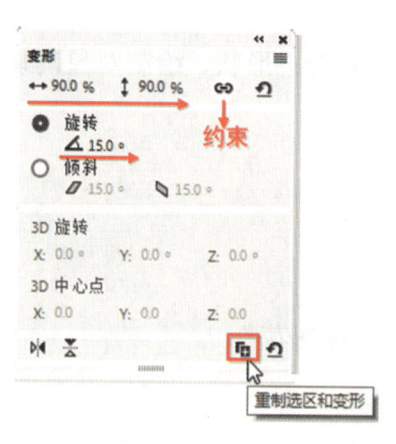

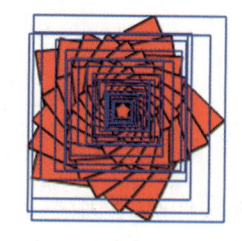

图 2-82

提示

● 激活"约束"按钮，可以实现对象的等比例缩放，即宽和高一起缩放。
● "重制选区和变形"按钮可以实现使对象按照设置参数进行复制的功能。

③ 框选整朵花，如图 2-83（a），选择菜单命令"修改"—"组合"（【Ctrl+G】键），得到图 2-83（b）所示的效果。

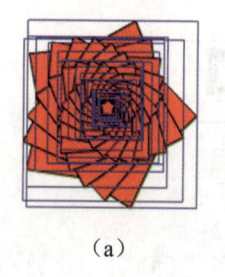

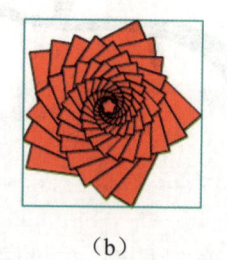

（a）　　　　　　　　　　（b）

图 2-83

绘制图形 **任务 2**

> 📽️ **提示**
>
> 选择花朵后，为了方便整体移动，避免误操作，将整朵花组合。
>
> 组对象，不能直接修改造型、颜色，双击后进入组内，每朵花瓣还是独立的绘制对象，可以进行颜色、造型的再编辑。

2. 绘制玫瑰花茎

① 在场景 1 中，新建图层"花茎"，如图 2-84 所示。

图 2-84

② 选择"钢笔工具"（【P】键），关闭"绘制对象"，拖动鼠标左键创建两个曲线点，如图 2-85 所示。

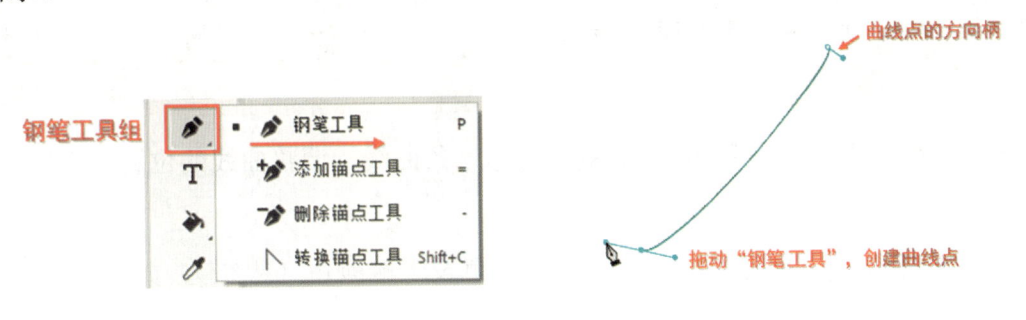

图 2-85

③ 选择"部分选取工具"（【A】键），拖动节点的方向柄，调整曲线弧度，效果如图 2-86 所示。

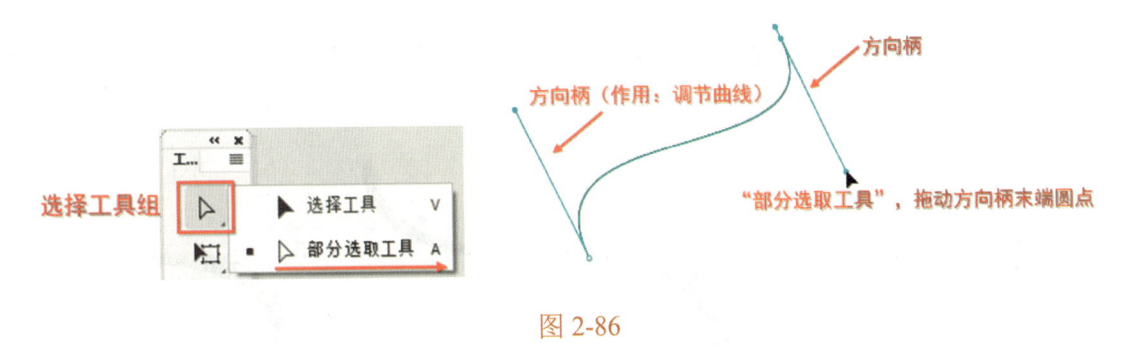

图 2-86

④ 选择"选择工具"（【V】键），选择整条花茎曲线，按【Ctrl+D】键，复制一条曲线，微调曲线的位置、弧度，如图 2-87 所示。

⑤ 选择"线条工具"（【N】键），激活"贴紧至对象"按钮，绘制两条直线段，使花茎闭合，如图 2-88 所示。

051

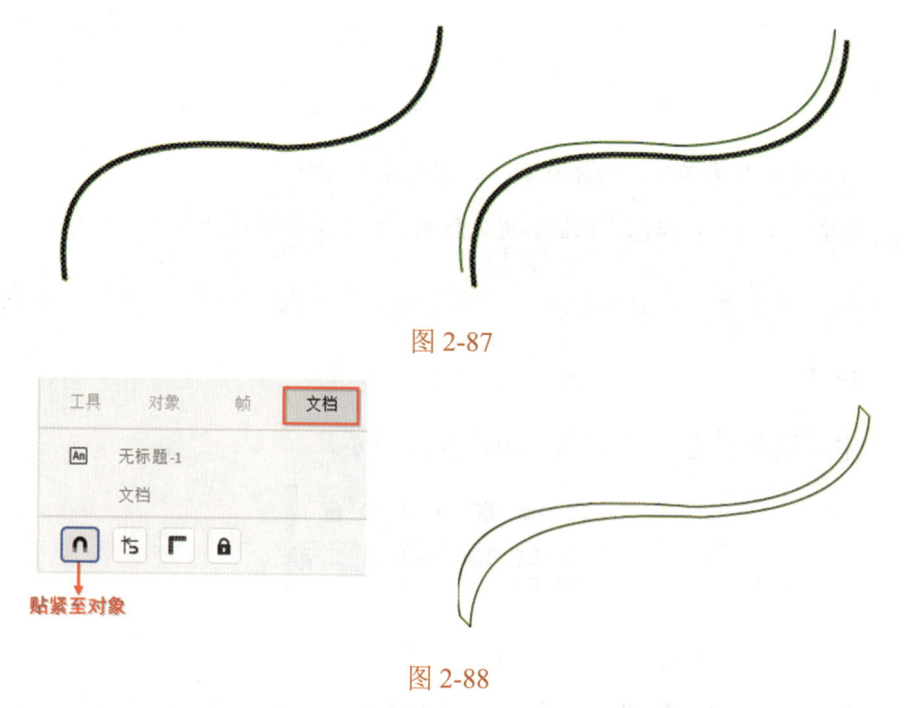

图 2-87

图 2-88

> **提示**
>
> 激活"贴紧至对象"按钮后,将光标放在线段的端点附近,出现一个大大的圆圈,表示端点已吸附到最近的端点上。

⑥ 再次选择花茎曲线,按【Ctrl+D】键,复制一条曲线,调整曲线的位置、弧度,如图 2-89 所示。

⑦ 选择"填充工具"(【K】键),填充花茎颜色及笔触颜色(墨绿),如图 2-90 所示。

> **提示**
>
> 一般着色时,为了让颜色过渡自然,通常设置轮廓线与填充颜色在同一个色系。

⑧ 为了保证花茎的独立性,选择全部花茎,执行"修改"—"合并对象"—"联合"命令,将花茎形状联合为绘制对象,如图 2-91 所示。

图 2-89　　　　图 2-90　　　　图 2-91

3. 绘制玫瑰花叶

① 选择"线条工具"(【N】键),绘制线段,调整为弧线。

② 选择弧线，按【Ctrl+D】键，复制一条弧线，水平翻转后，调整位置，微调右侧弧线，使之成为叶子。

③ 继续绘制线条，调整弧度，然后填充颜色，如图2-92所示。

④ 选择整片叶子，将叶子形状联合为一个绘制对象，复制多个，调整叶子的位置、大小、角度；将叶子和花茎成组，锁定图层，造型如图2-93所示。

图2-92

图2-93

4. 绘制玫瑰阴影

① 在场景1中，复制"花茎"图层，将图层重命名为"阴影"。

② 选择"任意变形"工具（【Q】键），将旋转中心点放置在花茎底部，调整阴影的位置、高度，如图2-94所示。

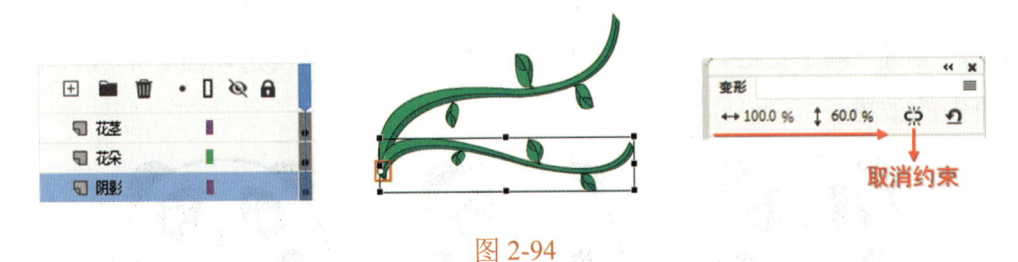

图2-94

③ 选择"阴影"图层的花茎和叶子，在"属性"面板设置笔触颜色：没有颜色，填充颜色为浅蓝色。如图2-95所示。

图2-95

5. 最终效果

最终效果如图2-96所示。

思考

如果把花朵、花茎、阴影都成组，玫瑰花放置在一个图层可以吗？如果可以，请试试看吧！

6. 添加动画效果

为该动画添加"打字"动画效果。效果如图 2-97 所示。

图 2-96 　　　　　　　　　　　图 2-97

2.4.2　眨眼的熊猫

学习目标：掌握卡通类动画的绘图技巧及图层的应用技巧。

实现效果：可爱的熊猫眨眼，同时一颗红心从眼中跳出，掉落到一旁，消失。如图 2-98 所示。

设计思路：第一个关键帧，绘制一只熊猫（为了便于管理，开启绘制对象模式，每部分都是一个绘制对象，每部分都是完整的椭圆）。第二个关键帧，将一只眼睛删除，在相同位置绘制 3 条线段，形成闭着的眼睛。将第一个关键帧复制到第三个关键帧。

新建图层，绘制一颗小红心，在合适的位置调整红心的位置及透明度，形成红心从眼睛中出现并掉落、消失的效果。

2-10　熊猫

图 2-98

具体实现：

1. 绘制熊猫

① 绘制熊猫的身体。选择"椭圆工具"（【O】键），激活"绘制对象"按钮，绘制椭圆，使用"选择工具"，将鼠标指针放在椭圆的边缘处，调整为图 2-99 所示的身体造型。

② 绘制熊猫的耳朵。选择"椭圆工具"，绘制椭圆，复制出另一个，选择菜单命令"修改"—"排列"—"移至底层"（【Ctrl+Shift+↓】键），调整黑色椭圆位于身体的下方，如图 2-100 所示。

绘制图形 **任务 2**

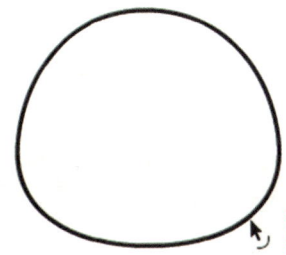

图 2-99

图 2-100

提示

- 绘制时，开启"绘制对象"，身体的每部分都要保持完整、独立，以便于后期的动画制作。
- 绘制对象时，后绘制的对象在上面图层，先绘制的对象在下面图层。所以，绘制过程中经常需要调整图层的顺序。

③ 绘制熊猫的前后足。继续绘制椭圆对象，调整造型，复制前后足，如图 2-101 所示。

④ 绘制熊猫的眼睛。继续绘制 3 个椭圆对象（两个白色、一个黑色），调整造型，并复制另一只眼睛，如图 2-101 所示。

图 2-101

⑤ 绘制熊猫的鼻子和嘴巴。选择"线条工具"（【N】键），绘制 3 条线段，并调整造型，如图 2-102 所示。

⑥ 绘制粉红色的水晶。选择"铅笔工具"（【Y】键），调整笔触颜色为粉红色，绘制 3 条线段，调整大小，如图 2-103 所示。

图 2-102

图 2-103

2. 绘制红心

① 新建图层"心"，选择"椭圆工具"，激活"绘制对象"按钮，按住【Shift】键绘制正圆。

② 选择"选择工具"，将鼠标放在圆形的正上方，按住【Ctrl】键，向下拖动，形成一个尖角。

③ 将鼠标指针放在圆形的正下方，按住【Ctrl】键，向下拖动，形成第二个尖角。

> **提示**
>
> 在使用"选择工具"调整线条形状时，按下【Ctrl】键，增加一个节点。

④ 继续使用"选择工具"调整红心造型。然后选择红心，多次单击"选择工具"选项工具栏中的"平滑"按钮，形成最终造型，如图 2-104 所示。

图 2-104

3. 制作眼睛动画

① 选择左侧的眼睛，按【Ctrl+C】键复制眼睛对象。新建图层"眼睛"，按【Ctrl+Shift+V】键将眼睛粘贴到原位置，如图 2-105 所示。

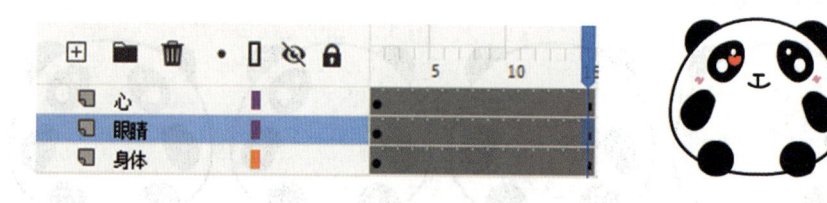

图 2-105

> **提示**
>
> 眼睛要做动态效果，按照一个运动对象占用一个图层的原则，眼睛要单独占用一个图层。【Ctrl+Shift+V】键：粘贴到原位置。

② 在第 6 帧处，按【F7】键插入空白关键帧，激活时间轴上方的"绘图纸外观"按钮，参照左侧眼睛的位置绘制 3 条线段，形成闭眼睛的效果，如图 2-106 所示。

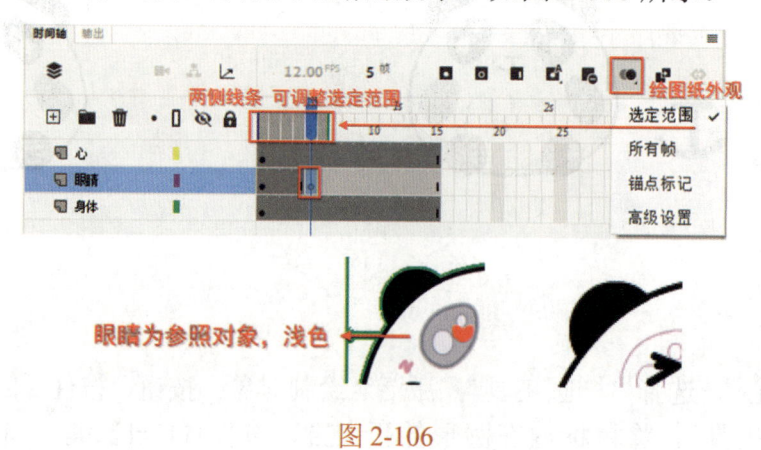

图 2-106

③ 选择第 1 帧，按住【Alt】键，拖动鼠标到第 10 帧（拖动过程中，鼠标指针右上角会出现一个"＋"），将第 1 帧复制到第 10 帧，如图 2-107 所示。

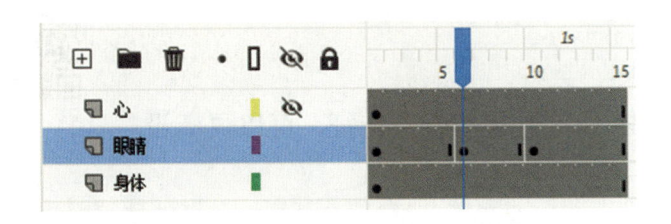

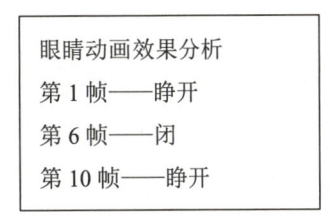

眼睛动画效果分析
第 1 帧——睁开
第 6 帧——闭
第 10 帧——睁开

图 2-107

4. 制作红心动画

① 锁定"眼睛""身体"图层，将"心"图层取消隐藏。

② 将"心"图层的第 1 帧移动到第 6 帧，形成熊猫闭眼睛时出现红心的效果，如图 2-108 所示。

红心动画效果分析
第 6 帧～第 15 帧：红心掉落，同时透明度降低

图 2-108

③ 在第 8 帧处，按【F6】键插入关键帧，激活时间轴下方的"绘图纸外观"按钮，参照第 6 帧红心的位置调整当前帧红心的位置、角度，将红心的透明度（Alpha）改为 80%，制作红心淡化的效果。

④ 在第 10 帧、第 12 帧、第 14 帧分别插入关键帧，继续调整红心的位置、角度、透明度，完成红心掉落、消失的动画效果，如图 2-109 所示。

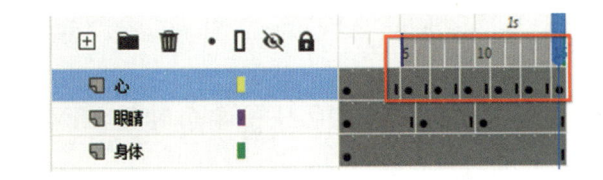

图 2-109

5. 检查动画

6. 保存动画，导出影片

2.4.3 传统文本应用——文字设计

学习目标：掌握文本的编辑技巧。

实现效果：将文本分离为形状后，文本具备形状的所有特征，可以灵活设计各种效果，如图 2-110 所示。

设计思路：首先，设置好文本的字体、大小、间距、行距等参数；其次，将文本分离为形状；最后，添加笔触颜色，或设置填充色为渐变色、位图的效果。

2-11 文字设计

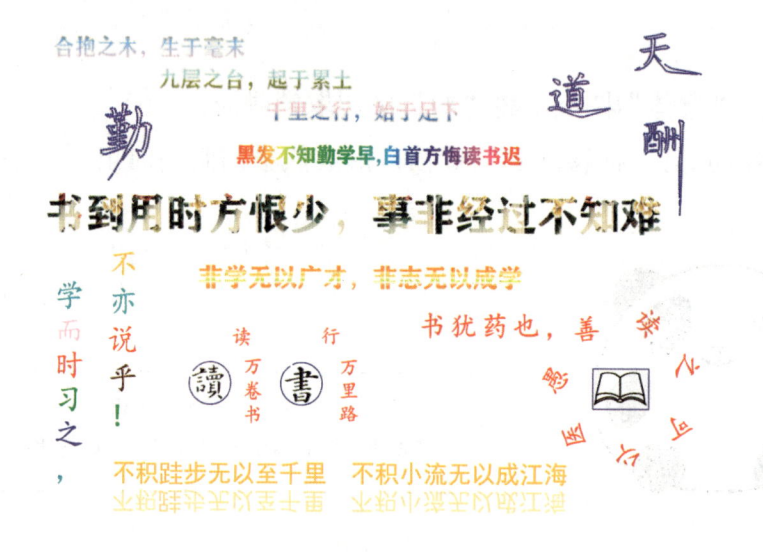

图 2-110

具体实现：

1. 设置透明度——不积跬步无以至千里，不积小流无以成江河

① 复制文本后，垂直翻转；菜单命令"修改"—"变形"—"垂直翻转"。
② 调整文本透明度值。
③ 成组。

2. 设置文本方向、填充色——学而时习之，不亦说乎！

① 调整文本方向为垂直。
② 设置间距、字号后，将文本分离为 11 个文字、标点对象。
③ 调整文字、标点颜色。
④ 成组。

3. 按角度复制——书犹药也，善读之可以医愚

① 将"书犹药也，善读之可以医愚"分离为 12 个文字、标点。

② 将"读之可以医愚"6个文字删除。

③ 选择"善"字,切换到"任意变形工具"(【Q】键),调整变形中心点到合适位置,角度设置为 52°,进行变形复制 6 次。

④ 修改文字内容为"读之可以医愚"。

⑤ 成组。效果如图 2-111 所示。

图 2-111

4. 添加笔触颜色——天道酬勤

① 将文本分离为形状。

② 添加笔触颜色。

③ 选择文字形状,在"属性"面板中设置填充颜色:无;笔触样式:虚线。

④ 选择工具,调整形状造型。

⑤ 分别选择 4 个文字形状,联合为对象或成组。

5. 填充位图读、书、书本——读万卷书,行万里路

① 绘制椭圆。

② 设置椭圆的填充色类型为位图。

③ 切换到"渐变变形工具"(【F】键),调整位图为椭圆大小。

④ 将椭圆联合为对象。

6. 设置渐变色填充——黑发不知勤学早,白首方悔读书迟

① 文本分离为形状。

② 设置填充颜色为七彩渐变色,开启"锁定填充"按钮,分别为 15 个文字、标点添加颜色。

③ 切换到"渐变变形工具"(【F】键),调整 15 个文字、标点的颜色填充位置为左右,颜色填充范围为 15 个文字、标点,如图 2-112 所示。

图 2-112

④ 将文字联合为对象或成组。

7. 多个文字填充一个渐变色——非学无以广才，非志无以成学

① 将文本分离为形状。
② 设置填充类型为线性渐变，开启"锁定填充"按钮，分别为 13 个文字、标点添加颜色，如图 2-113 所示。

图 2-113

③ 切换到"渐变变形工具"（【F】键），调整 13 个文字、标点的颜色填充位置为上下，颜色填充范围为 13 个文字、标点，如图 2-114 所示。

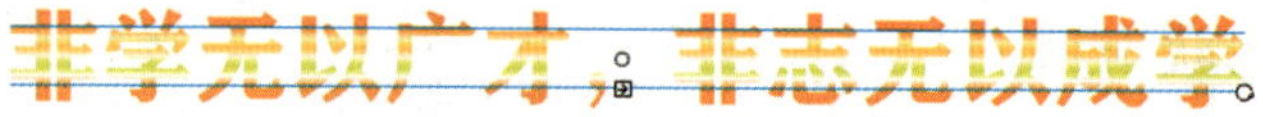

图 2-114

④ 将文字联合为对象或成组。

8. 多个文字填充一张位图——书到用时方恨少，事非经过不知难

① 将文本分离为形状。
② 设置填充类型为位图，开启"锁定填充"按钮，分别为 15 个文字、标点添加颜色。
③ 切换到"渐变变形工具"（【F】键），调整位图为 1 个文字大小，如图 2-115 所示。

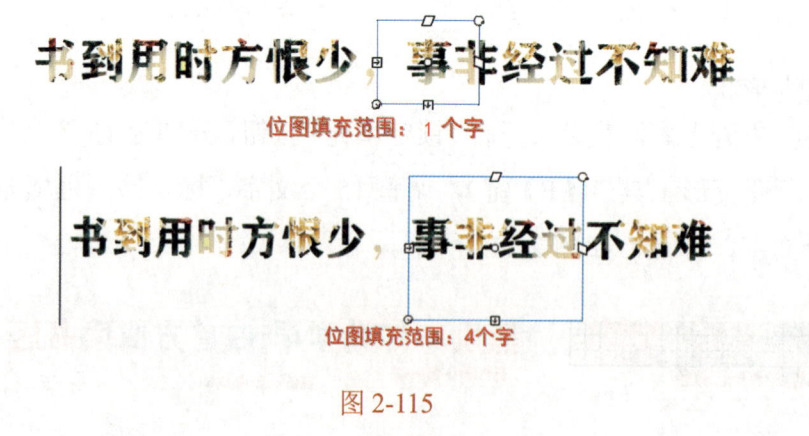

图 2-115

④ 将文字联合为对象或成组。

绘制图形 | 任务 2

> **提示**
>
> 渐变色及位图填充只能对形状添加。

2.5 任务总结

Animate 图形的四种常用形态"形状""绘制对象""元件""组"在案例中得到了充分的应用。要求在以后的动画制作中,能够根据图不同形态的特点,灵活高效地绘图。

在绘制角色、场景动画时,因对象的每部分可能都会涉及具体的动作,所以,要保证对象的每部分都是完整且独立的,不能因为只能看到它的某一部分,而不绘制剩下的部分。同时,还要考虑该对象是否参与运动,除了要保证对象的完整性外,还要将该对象放置在一个单独的图层上。

2-12 走路的小青蛙

快捷键可以提高软件的工作效率,本任务涉及的快捷键如表 2-2 所示。

表 2-2 常用快捷键

分 类	快 捷 键		
元件命令	新建元件:Ctrl+F8	转换为元件:F8	
复制命令	错位复制:Ctrl+D	粘贴到原位置:Ctrl+Shift+V	
变形工具	渐变变形:F	任意变形:Q	
选择工具	选择:V	部分选取:A	套索工具:L
绘图工具	画笔:B	基本矩形工具:Shift+R	文本工具:T
	线条工具:N	椭圆工具:O	钢笔工具:P
	矩形工具:R	铅笔工具:Shift+Y	转换锚点工具:Shift+C
	颜料桶:K	墨水瓶:S	
排列位置	上移一层:Ctrl+↑	移至顶层:Ctrl+Shift +↑	
	下移一层:Ctrl+↓	移至底层:Ctrl+Shift +↓	
面板	颜色:Ctrl+Shift+F9	库:Ctrl+L	

2.6 提高创新

卡通角色的绘制是制作角色动画时必须掌握的技能。对于绘制不熟练的学生来说,凭空绘制出各种物体的图形难度非常大,参照图片进行绘制有一定的难度。所以建议大家在制作前先找到合适的素材，然后导入舞台，以临摹的方式进行轮廓的勾勒，最后上色。学习初期，对于绘图这是很好的一种解决方法。

案例的最终效果及时间轴如图 2-116 所示。

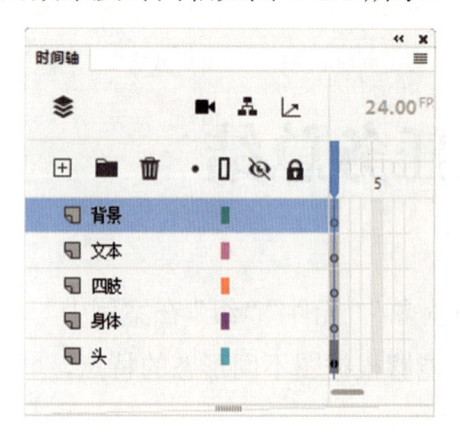

2-13　绘制佩奇

图 2-116

学习目标：掌握应用临摹图像的方法及钢笔工具的使用方法。

实现效果：小猪佩奇。

设计思路：使用临摹的方式，将佩奇的图片导入舞台，调整其大小、位置后锁定图层。然后新建图层，使用工具绘制图形。

具体实现：

1. 导入图形

选择菜单命令"文件"—"导入"—"导入到舞台"，如图 2-117 所示。

图 2-117

2. 绘制头部

① 选择"放大镜"工具，区域放大佩奇头部。

② 新建图层"头"。选择"钢笔工具"，创建曲线关键点，如图 2-118（a）所示。使用"部分选取工具"调整节点的位置，使用"转换点工具"调整节点的方向柄，调整后的造型如图 2-118（b）所示。

③ 选择"椭圆工具",绘制嘴巴、鼻孔、眼睛及红晕,如图2-118(c)和图2-118(e)所示。

④ 选择"钢笔工具",绘制耳朵,如图2-118(d)所示。

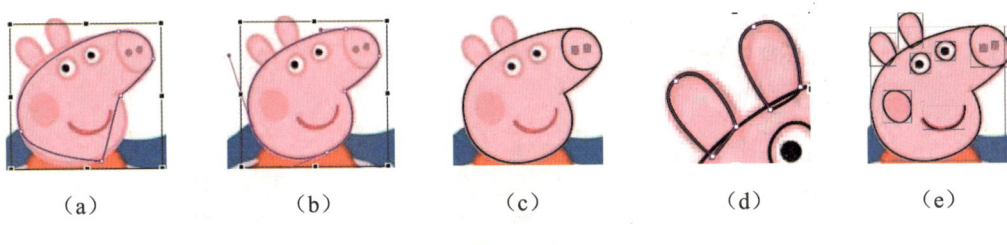

(a)　　　　(b)　　　　(c)　　　　(d)　　　　(e)

图 2-118

3. 身体

新建图层"身体"。选择"钢笔工具",创建曲线关键点,如图2-119(a)所示。使用"转换点工具"调整节点的方向柄,调整后的造型如图2-119(b)所示。

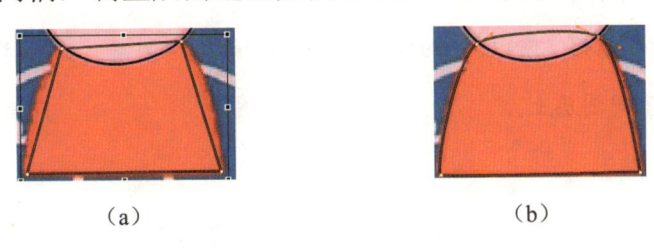

(a)　　　　(b)

图 2-119

4. 四肢

新建图层"四肢"。选择"钢笔工具",创建曲线关键点,使用"转换点工具"调整节点的方向柄,调整后的造型如图2-120所示。

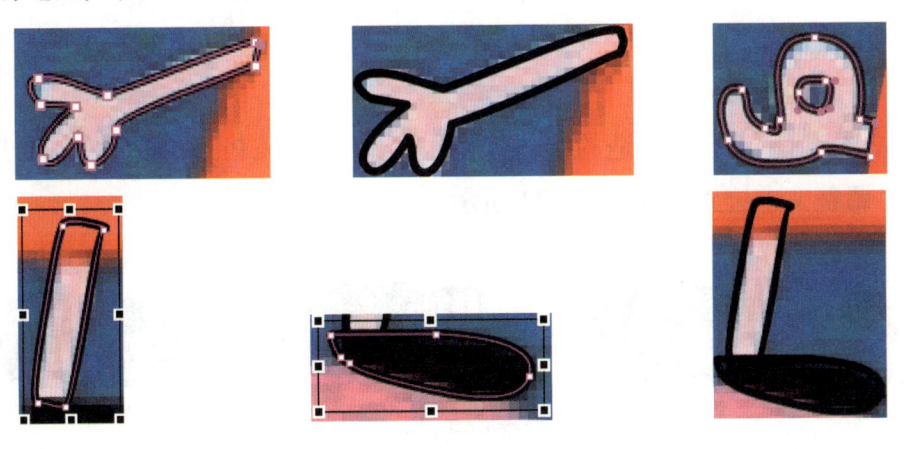

图 2-120

5. 填充颜色

① 隐藏位图图层,可以看到佩奇的轮廓线(见图2-121)。取消隐藏位图图层,使用"滴管工具"吸取位图的相应颜色,给佩奇上色。

② 调整图层顺序，使耳朵、四肢位于身体的下方，身体位于头部的下方，最终效果如图 2-121 所示。

图 2-121

提示

● 头部的眼睛、眼珠、红晕、鼻孔、耳朵、嘴巴都是绘制对象，所以，在填充颜色时会出现遮盖现象，要注意调整对象之间的排列顺序。

● 这里的佩奇没有设计动作，所以，其四肢、尾巴绘制在一个图层。如果将来需要增加动作效果，可以再将四肢、尾巴分散到不同图层上。

6. 背景

① 新建图层"背景"。选择"钢笔工具"，创建曲线关键点，如图 2-122（a）所示。使用"转换点工具"调整节点的方向柄，调整后的造型如图 2-122（b）所示。

（a）　　　　　　　　　　　　（b）

图 2-122

② 选择"文本工具"，选择合适的字体，输入文本"Peppa Pig"，按【Ctrl+B】键，将文本分离为 8 个对象，调整文本位置，如图 2-123 所示。

图 2-123

大家也可以尝试用笑脸图片给佩奇的裙子做个漂亮的装饰，也可以给佩奇周围的环境增添一些新的元素，如图 2-124 所示。

图 2-124

任务 3

补间动画

逐帧动画注重表达细节及运动规律，制作难度偏大。如果动画注重表现运动过程，可以使用补间动画。相对于逐帧动画，补间动画不必将对象的每个运动状态都绘制出来，只需设置运动对象的起始状态、中间状态、结束状态，状态之间的变化由计算机自动生成补间。这样不仅降低了劳动量，还提高了动画的可编辑性。

补间动画是主要的动画类型，它能够轻松实现除运动规律以外的动画效果。

3.1 任务分析

知识目标

掌握传统补间动画的制作思路；
掌握实例的四个属性、传统补间的两个属性的参数设置。

技能目标

能够利用实例的 Alpha 属性制作淡入、淡出动画效果；
能够利用实例的亮度属性制作黑闪、白闪动画效果；
能够利用实例的色调属性制作简单的色调变化动画效果；
能够利用实例的高级属性制作高级颜色变化动画效果；
能够利用传统补间的缓动属性制作变速动画效果；
能够利用传统补间的旋转属性制作旋转动画效果。

素质目标

培养学生自主学习的能力：对传统补间动画的灵活应用。

思政目标

培养学生努力学习本领，坚持为祖国发展贡献一份力量的信念。

3.2 难点剖析

补间动画分为传统补间动画、形状补间动画和补间动画三种类型。

传统补间动画是比较重要的类型，主要负责复杂位置变化、旋转倾斜变化、色调、亮度变化及淡入和淡出效果的制作。要求运动对象必须是实例。

形状补间动画主要负责形状变化、颜色变化（包含复杂颜色的变化）效果的制作。要求运动对象必须是形状。

补间动画通过"动画编辑器"来编辑对象的位置、缩放等参数，动画的设置方式类似于影视编辑动画 After Effects，动画效果与传统补间动画效果相同。

3.3 相关知识

3.3.1 传统补间动画

1. 制作思路

在一个关键帧中放置一个元件实例，然后在另一个关键帧中改变这个元件实例的大小、位置、颜色、透明度等参数值，Animate 根据关键帧创建的动画称为传统补间动画。

3-1 传统补间动画

传统补间动画可以实现复杂位置变化、旋转变化、色调变化、亮度变化，以及淡入、淡出等动画效果。

2. 制作要求

① 每个运动对象必须是实例。

② 补间两端的关键帧里是同一个实例。
③ 找到运动对象的时间点后，先创建关键帧（按【F6】键），再调整对象的状态。
④ 每个图层只有一个运动对象。有多个运动对象的时候，每个对象占一个图层。

3. 实现步骤

① 新建元件，创建运动对象。
② 返回场景 1，将"库"面板中的元件拖动到舞台上，生成实例。
③ 在时间轴的各时间点插入关键帧，调整实例的状态。
④ 选择起始关键帧和结束关键帧中间的帧格，右击，选择"创建传统补间"命令。
⑤ 当关键帧之间出现紫色的实线双向箭头时，表示传统补间动画创建成功，如图 3-1 所示。

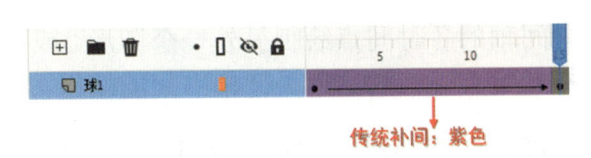

图 3-1

4. 分析问题

观察图 3-2 中的时间轴，分析以下问题：

问题 1：该动画中有几个运动对象？（看图层）
问题 2：该动画中的运动对象是什么？（看图层名称）
问题 3：该动画中的运动对象有几个运动状态？（看关键帧）

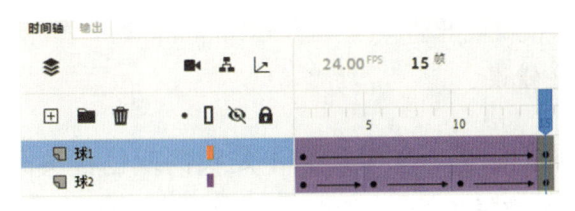

图 3-2

> **提示**
>
> 在动画制作中，为了高效协同工作，要求设计者养成良好的命名习惯。元件名称、图层名称都应与所包含的内容保持一致，保证看到名称就立刻知道内容是什么。

3.3.2 形状补间动画

1. 制作思路

在一个关键帧中绘制一个形状，然后在另一个关键帧中更改该形状或者绘

3-2 形状补间动画

制另外一个形状，Animate 根据两者之间的变化创建的动画称为形状补间动画。

形状补间动画可以实现两个图形之间颜色、形状、大小、直线位置的变化。

2. 制作要求

① 每个参与形状补间动画的对象只能是形状或绘制对象。如果是组对象、文本对象或元件实例，必须将它们分离为形状。

② 形状补间动画，补间两端的关键帧里是不同的形状或颜色。

3. 实现步骤

① 在起始帧绘制图形。

② 在时间轴的各时间点绘制另外一个图形，或改变起始帧图形的颜色、形状、大小、位置。

③ 选择起始关键帧和结束关键帧中间的帧格，右击，选择"创建补间形状"命令。

④ 当关键帧之间出现土黄色的实线双向箭头时，表示形状补间动画创建成功，如图 3-3 所示。

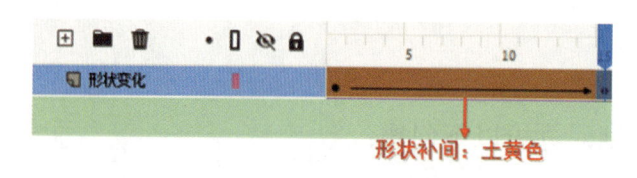

图 3-3

3.3.3 补间动画的常见错误

1. 传统补间动画的常见错误

① 在创建传统补间动画的时候，如果对象不是实例或包含实例以外的内容，系统会提示：将所选的内容转换为元件以进行补间，如图 3-4 所示。

如果点"取消"按钮，动画创建不成功，可以先排查错误；如果直接点"确定"按钮，"库"面板会自动生成"补间"图形元件（强制在两个不同实例间生成传统补间动画，违背传统补间动画是同一个实例的原则），如图 3-5 所示。

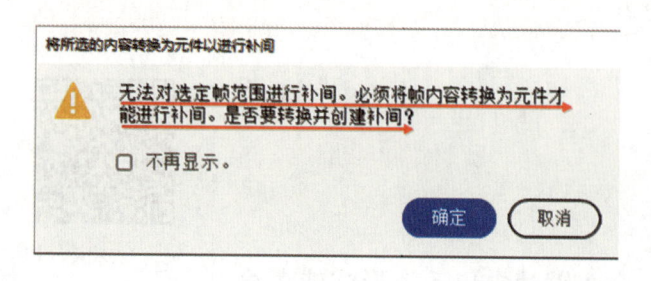

图 3-4 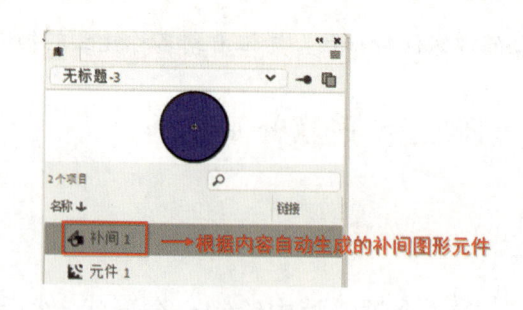　　　　　　　　图 3-5

修改方法：认真检查补间两端的实例是不是一个元件的实例，如果不是，删除补间实例，重新生成元件实例。

② 如果在制作传统补间动画的时候，时间轴的关键帧之间出现了虚线（见图3-6），就表示补间动画出错了。

修改方法：首先，删除补间，右击虚线，在弹出的快捷菜单中选择"删除经典补间动画"命令（见图3-7）；然后，分情况确定错误类型并修改。

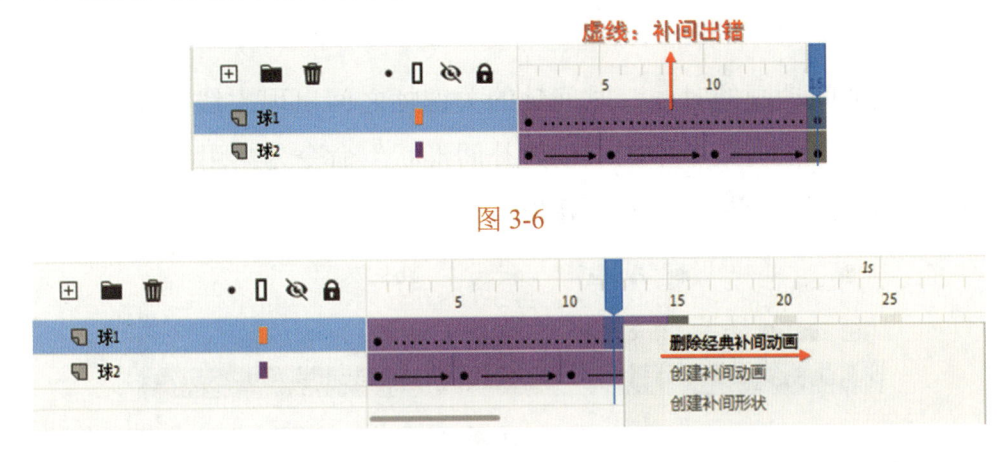

图 3-6

图 3-7

情况一：检查补间是否缺少结束关键帧，如图3-8中的"球1"图层。

修改方法：在结束时间点插入关键帧。

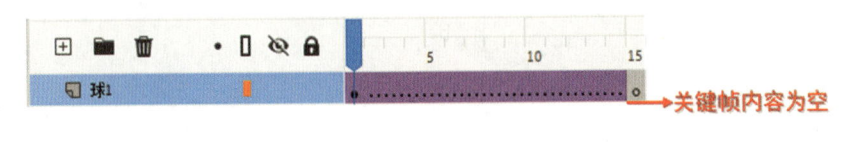

图 3-8

情况二：根据动画设计判断是否在延时的普通帧区域创建了补间，如图3-9中的"背景"图层。背景是静止的，没有发生运动，但是创建了传统补间。

修改方法：右击虚线，在弹出的快捷菜单中选择"删除经典补间动画"命令。

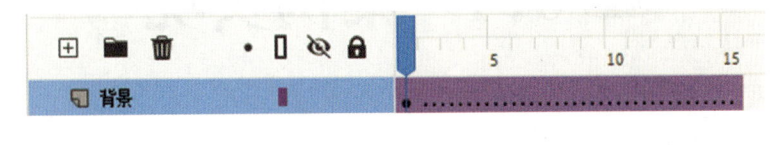

图 3-9

情况三：检查虚线两端是否有关键帧包含了多余的实例。

系统认为传统补间两端的关键帧里应该是同一个对象。图3-10中第15帧处放置了两个对象，所以出现虚线提示错误。

修改方法：直接删除多余的对象。

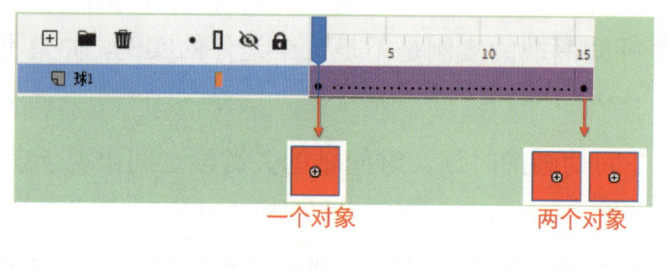

图 3-10

2. 形状补间动画的常见错误

如果在制作形状补间动画的时候，时间轴的关键帧之间出现虚线，如图 3-11（a）所示；或者在创建形状补间时，快捷菜单中的"创建补间形状"命令为禁用状态（文字为灰色），如图 3-11（b）所示；都表示形状补间动画创建失败。

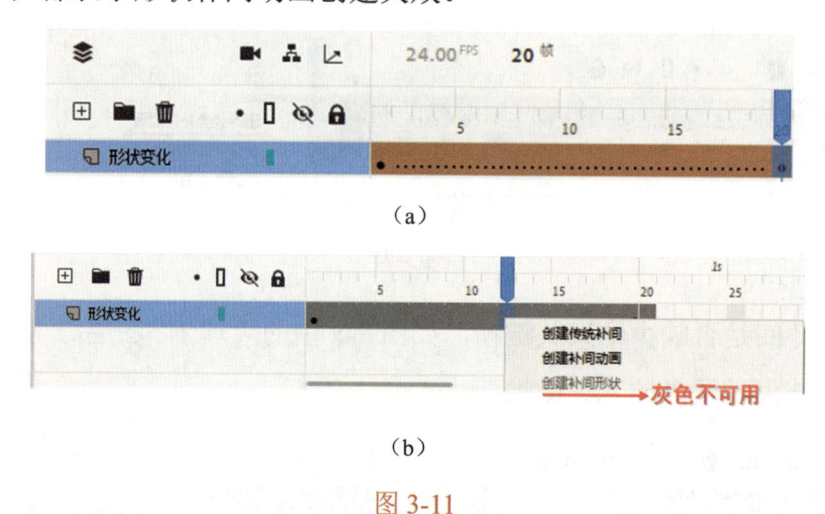

（a）

（b）

图 3-11

修改方法：检查参与形状补间动画的图形是否为形状或绘制对象。如果不是形状或绘制对象，就应选择对象，同时按【Ctrl+B】键，将对象分离为形状或绘制对象。

3.4 案例实现

3.4.1 传统补间属性——运动的小球

学习目标：通过设置补间的属性值实现非匀速运动。

实现效果：一个蓝色的小球从上掉落后弹起，重复几次弹起后，滚向一边，如图 3-12 所示。

设计思路：创建小球图形元件，通过设置小球元件实例在不同时间点的位置变化生成传统补间动画。通过设置补间的属性值调整小球的运动速度、旋转状态。

3-4 小球运动

具体实现：

1. 设置文档尺寸

文档尺寸宽 300 像素，高 400 像素，帧频 24fps。

2. 新建图形元件

新建图形元件小球，在"小球"元件的编辑环境绘制正圆（【Shift】键）、填充"浅蓝—深蓝色"的径向渐变，选择"渐变变形工具"（【F】键），将浅蓝色调整到小球的底部，同时使小球位于元件（0，0）点位置，如图 3-13 所示。

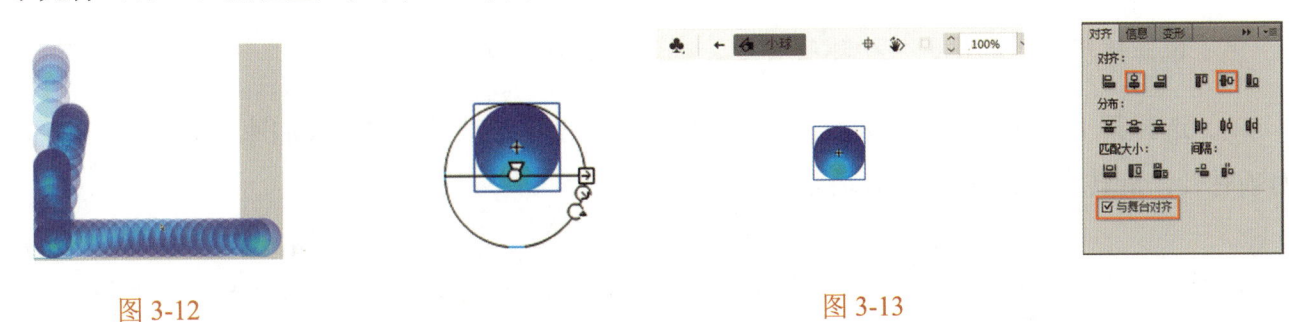

图 3-12

图 3-13

3. 创建小球位置变化的动画效果

① 返回场景 1。将"小球"元件从"库"面板中拖动到舞台上，生成"小球"实例，分别在第 1 帧、第 10 帧、第 20 帧、第 30 帧、第 40 帧、第 50 帧、第 70 帧插入关键帧（按【F6】键），调整各关键帧小球的位置，如图 3-14 所示。

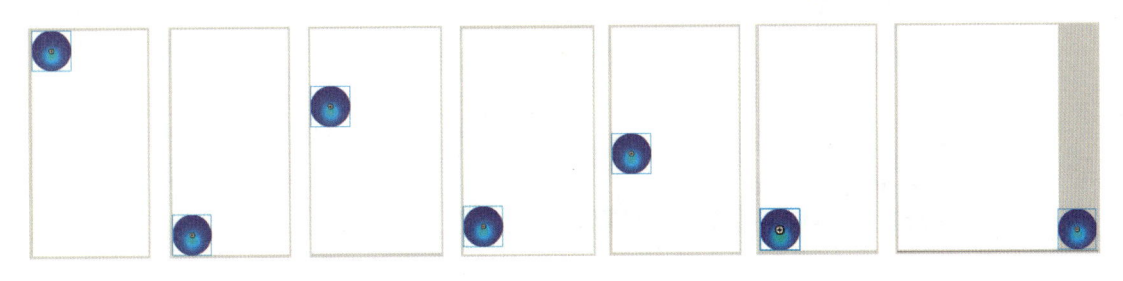

图 3-14

② 选择第 1~70 帧中间的帧区域，右击，选择"创建传统补间"命令，时间轴的最终效果如图 3-15 所示。

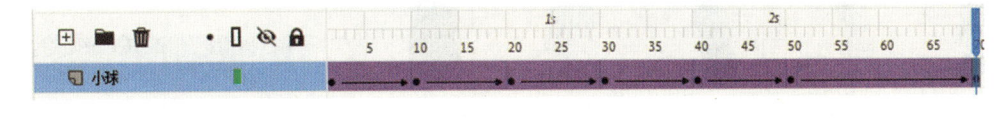

图 3-15

至此，创建了一个正确的传统补间动画。但是仔细观察会发现，小球在整个运动过程中做的是匀速运动。无论是弹起、掉落还是滚动，小球的速度是匀速的，并且小球自身没有旋转运动。

> 提示
>
> 物体的运动状态一般分为四种，即静止、匀速运动、加速运动和减速运动。在实际生活中，一个物体由于受到地球重力、空气浮力及风力等不同力的影响，一般不可能是匀速运动的。如果认真观察真实的小球跳动就会发现，小球离开和即将到达地面的速度是最快的，而到达最高点时速度会稍变慢。也就是说，小球弹起时，受到重力的吸引，速度会越来越慢，属于减速运动；小球落下时，受到重力的吸引，速度会越来越快，属于加速运动。

在 Animate 软件中，通过设置传统补间在"属性"面板的参数（缓动、旋转），让球的运动过程生动、真实。

4. 设置传统补间属性，使小球有加速、减速、旋转运动

① 选择第 1~10 帧的中间区域，在"属性"面板设置缓动值为-100（加速运动），旋转方向为顺时针，旋转 1 周，如图 3-16 所示。

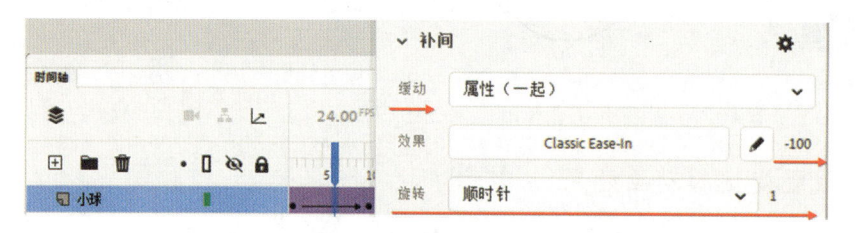

图 3-16

② 选择第 11~20 帧的中间区域，在"属性"面板设置缓动值为 100（减速运动），旋转方向为顺时针，旋转 1 周，如图 3-17 所示。

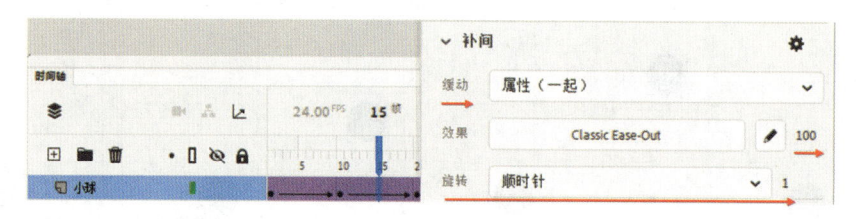

图 3-17

③ 依次设置剩余补间的属性，使动画合理、生动，运动过程如图 3-18 所示。

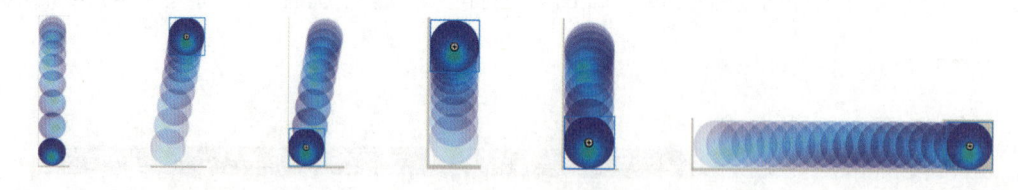

图 3-18

5. 检查动画

如果要调整某个时间点小球的运动状态，必须先选择相应的关键帧，然后在舞台上调整该时

间点小球的位置。

6. 保存动画，导出影片

3.4.2 元件实例属性——跳动的红心

学习目标：通过元件实例属性的设置，实现动画的特殊效果。

实现效果：一颗红心"从小到大再到小"地跳动，同时颜色、透明度发生改变，如图 3-19 所示。

设计思路：创建"红心"图形元件，绘制红心，通过设置"红心"元件实例的大小、色调、透明度（Alpha）值，生成传统补间动画。

3-5 红心跳动

具体实现：

1. 设置文档参数

文档参数设置：宽 120 像素，高 120 像素，帧频 24fps。

2. 绘制红心

① 新建图形元件"红心"。拖动"钢笔工具"（【P】键），创建上、下两个曲线点，最后闭合，如图 3-20 所示。

图 3-19

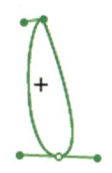

图 3-20

② 选择"转换锚点工具"（【Shift+C】键），拖动显示曲线方向柄，分别调整曲线点两侧的方向柄，直至红心形状合适，如图 3-21 所示。

③ 选择"颜料桶工具"（【K】键），填充粉红色到红色的径向渐变，选择"墨水瓶工具"（【S】键），填充橙色的笔触颜色，如图 3-22 所示。

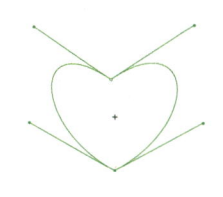

图 3-21

图 3-22

④ 选择整个红心，在"对齐"面板（【Ctrl+K】键）中设置红心位于元件中心位置。

3. 创建红心大小变化的动画效果

① 返回场景 1。在舞台上生成"红心"实例,设置红心位于舞台中心位置。

② 在第 15 帧、第 30 帧处插入关键帧(按【F6】键),时间轴如图 3-23 所示。

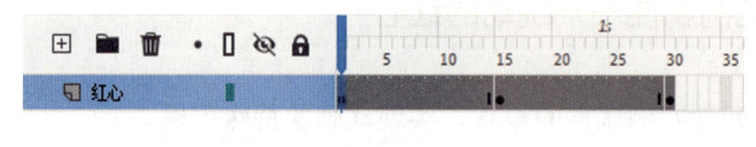

图 3-23

③ 选择第 15 帧中的"红心"实例,在"变形"面板(【Ctrl+T】键)中激活"约束"按钮,调整缩放宽度、高度至 200%,如图 3-24 所示。

图 3-24

> **提示**
>
> ● 红心的跳动要构成一个完整的循环(大—小—大,或者,小—大—小),以保证循环播放时大小变化流畅。
>
> ● 由红心的跳动规律:大—小—大,或者,小—大—小,可以发现第一个和第三个关键帧中红心大小是相同的。所以,可以先创建 3 个关键帧,再调整中间关键帧的尺寸。

④ 在第 1~30 帧中间创建传统补间,时间轴如图 3-25 所示。

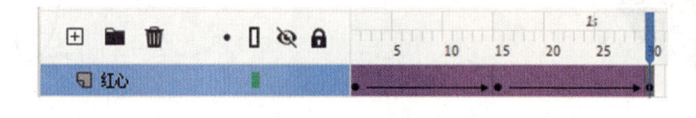

图 3-25

至此,实现了红心大小变化的动画效果,但是,整体动画比较单调。

在 Animate 中,通过设置实例在"属性"面板中的参数(色调、亮度、高级、Alpha),让运动对象的运动过程更加丰富多彩。

4. 增加实例属性设置

① 选择第 1 帧的"红心"实例,在"属性"面板的"色彩效果"选项组中设置"亮度"值为 100,即白色,如图 3-26 所示。

② 选择第 15 帧的"红心"实例,在"属性"面板的"色彩效果"选项组中设置"高级"项的红色、绿色为 100%、100,即黄色,如图 3-27 所示。

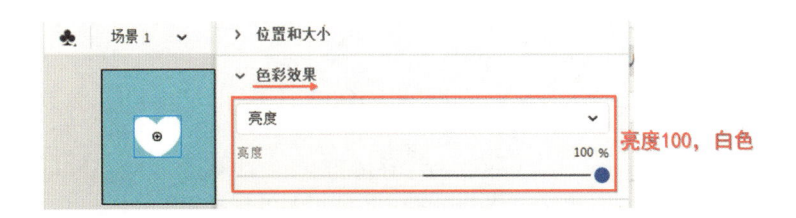

图 3-26

图 3-27

提示

红色，R 为 100；绿色，G 为 100；蓝色，B 为 100。

黄色，R 为 100、G 为 100；青色，G 为 100、B 为 100；紫色，R 为 100、B 为 100。

在高级属性中，可以同时调整颜色和透明度（Alpha）值。

③ 选择第 30 帧的"红心"实例，在"属性"面板"色彩效果"选项组中设置"Alpha"值为"10%"，如图 3-28 所示。

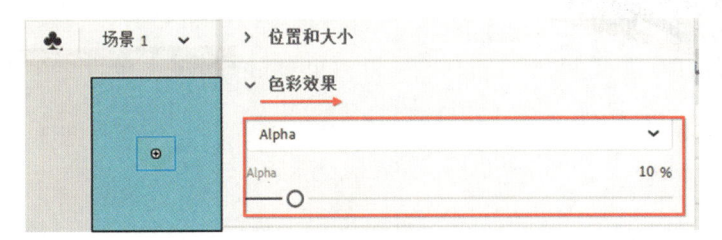

图 3-28

④ 在第 45 帧处按【F6】键插入关键帧，然后选择"红心"元件实例，在"属性"面板的"色彩效果"选项组中设置"Alpha"值为"100%"。

⑤ 各关键帧的红心状态如图 3-29 所示。

第 1 帧　　　　第 15 帧　　　　第 30 帧　　　　第 45 帧

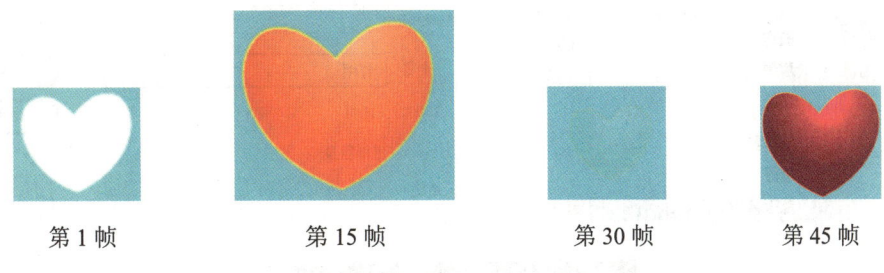

图 3-29

5. 检查动画

6. 保存动画，导出影片

3.4.3 中心点动画——折扇运动

学习目标：学会中心点动画的制作方法及多个对象之间的协调运动。

实现效果：折扇慢慢打开，如图 3-30 所示。

设计思路：折扇由扇面、竹片、两侧竹片构成。折扇展开的运动就是扇面、竹片、两侧竹片的协调运动。

具体实现：

3-6 折扇运动

1. 绘制两侧竹片

① 新建图形元件"两侧竹片"，绘制矩形，使矩形与舞台中心对齐。

② 使用"选择工具"将矩形的一端调整得略尖，填充为线性渐变：棕色、浅棕色、棕色，如图 3-31 所示。

图 3-30　　　　　　　　　　　　图 3-31

2. 绘制竹片

① 在"库"面板中右击"两侧竹片"元件，选中"直接复制"命令，将复制元件命名为竹片。进入竹片元件编辑环境，调整竹片高度略短，将填充色设置为深棕色，使用"墨水瓶工具"为竹片添加黑色笔触。

② 新建图层，在竹片上绘制一个菱形，并填充颜色，如图 3-32 所示。

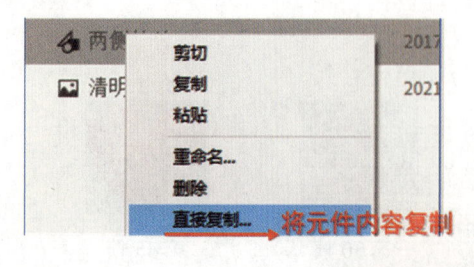

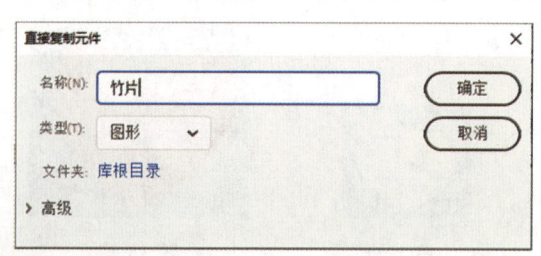

图 3-32

3. 绘制扇骨

① 切换到场景1。在舞台上生成"竹片"实例，调整中心点至将来放置铆钉的位置，在"变形"面板中设置角度为15°，复制多个竹片形成扇骨造型，如图3-33所示。

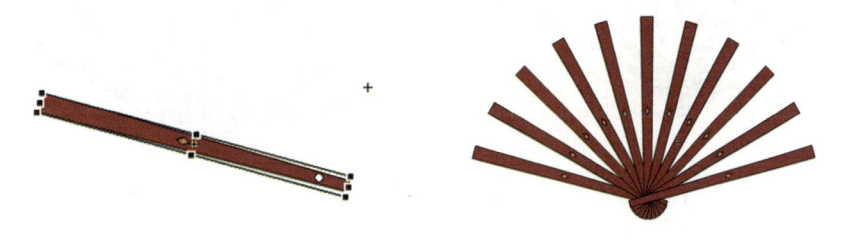

图 3-33

② 选择左侧的"竹片"元件实例，在"属性"面板中单击"交换"按钮，在弹出的"交换元件"对话框中选择"两侧竹片"元件，实现元件的交换；将最右侧的竹片元件实例也用两侧竹片替换，如图3-34所示。

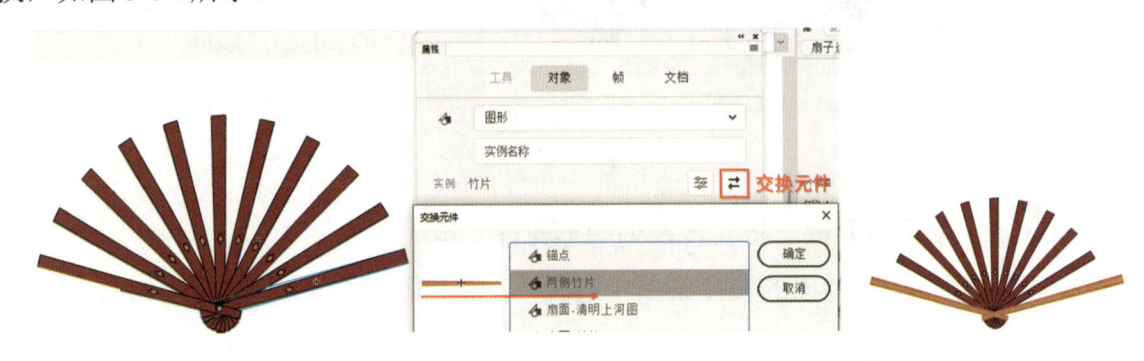

图 3-34

③ 新建图层"中心点"。在竹片交点处绘制一个椭圆当作扇骨的铆钉，如图3-35所示。

图 3-35

4. 绘制扇面

扇面需要借助扇骨造型绘制。

① 选择"椭圆工具"，按住【Alt+Shift】键，以铆钉为中心点，绘制无填充色的一个大椭圆、一个小椭圆，选择"线条工具"，在扇子两侧各绘制一条直线段，效果如图3-36（a）所示。删除扇面以外的区域，最终效果如图3-36（b）所示。

② 选择"颜料桶工具"，为扇面填充位图（清明上河图），并使用"渐变色变形工具"调整

位图的大小、位置，扇面如图 3-37 所示。

③ 将笔触设置为没有颜色。

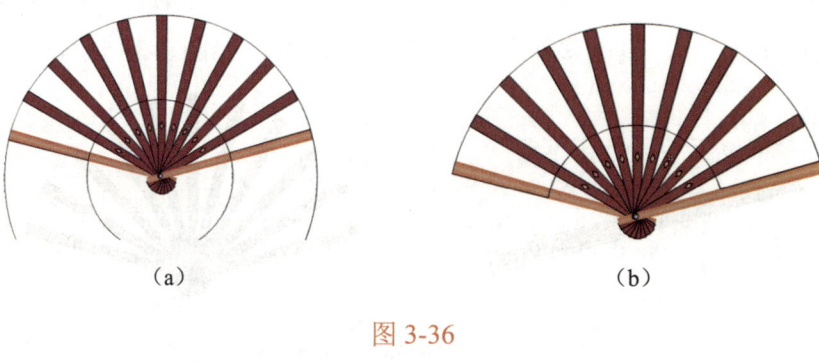

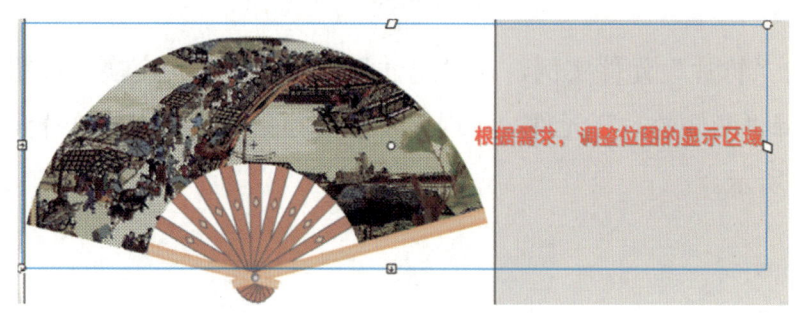

(a)　　　　　　　　　　　　(b)

图 3-36

图 3-37

④ 选择扇面，按【F8】键，将其转换为图形元件"扇面"。

⑤ 选择扇骨，右击，在弹出的快捷菜单中选择"分散到图层"命令，时间轴如图 3-38 所示。

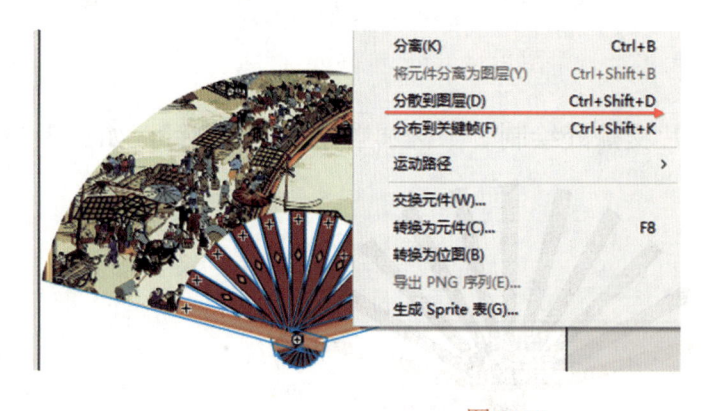

图 3-38

提示

"分散到图层"命令可以使在一个图层上的多个元件实例各占一个图层，并且默认以元件名称命名。

5. 制作扇子运动动画

① 选择除"铆钉"以外的所有图层，在第 25 帧处按【F6】键插入关键帧。

② 在第 1 帧处分别选择每个扇片，在"变形"面板中将角度调整到初始角度 15°，制作成扇子的折叠状。同时将扇面的中心点调整到铆钉的位置，之后将扇面调整到扇子下面。

③ 选择除"铆钉"以外图层的 1~25 帧中间的帧,创建传统补间动画,如图 3-39 所示。

扇骨、扇面的初始状态　　扇骨、扇面的中间状态　　扇骨、扇面的结束状态

图 3-39

6. 完善动画效果

现在可以发现,下面的扇面在扇子的打开过程中一直可见,不符合实际。此处,新建图层,利用和舞台一样的颜色将扇面在折扇下面的部分盖住。

① 新建图层"遮盖"。按住【Alt】键将"扇面"图层第 1 帧复制到"遮盖"图层第 1 帧。

② 按【Ctrl+B】键,将"扇面"实例分离为形状,在"属性"面板将颜色设置为和背景一样的白色,如图 3-40 所示。

③ 保存源文件并导出 swf 影片,动画完成。

7. 动画播放后停止播放

① 新建图层 as。在动画最后一帧插入空白关键帧。

② 按【F9】键,打开"动作"面板,输入"stop( )"。

③ 测试动画。播放到最后一帧,停止播放。

图 3-40

提示

任务 7 学习遮罩层动画。遮罩技术会完美解决扇骨以外的扇面问题。

3.5 任务总结

1. "库"面板——"直接复制元件"命令

在动画制作过程中,有时会出现元件内容高度相似的情况。此时,可以在"库"面板中右击元件,在弹出的快捷菜单中选择"直接复制"命令复制元件,最后对复制的元件名称、内容稍做修改即可。

2. 交换元件

实例的替换，可以通过"属性"面板中的"交换元件"命令快速实现。

3. 通过学习，对于时间的认知应有所提高

在动画编辑过程中，需要适时调整运动对象的状态、时间，以达到对动画节奏的要求。

① 编辑动画对象，其实就是在编辑关键帧的内容。

② 动画的速度可以由关键帧后面补间的长短来控制，即可通过在过渡帧中增加普通帧来适当延时。方法：选择关键帧或过渡帧，按【F5】键。

③ 延时时，选择一个过渡帧，按一次【F5】键，就插入一个普通帧；选择多个过渡帧，按一次【F5】键，就插入多个普通帧。

4. 关于中心点的高级应用

涉及中心点的动画，必须保证一段传统补间两端的关键帧中实例的中心点在同一个地方。否则会出现不围绕旋转中心点旋转的错误。

3-7 矩形走路

在下面的案例中，矩形从舞台左侧一路走到右侧。观看视频，分析矩形中心点的位置，再设计"矩形走路"的动画效果，体会中心点动画的实现，如图3-41所示。

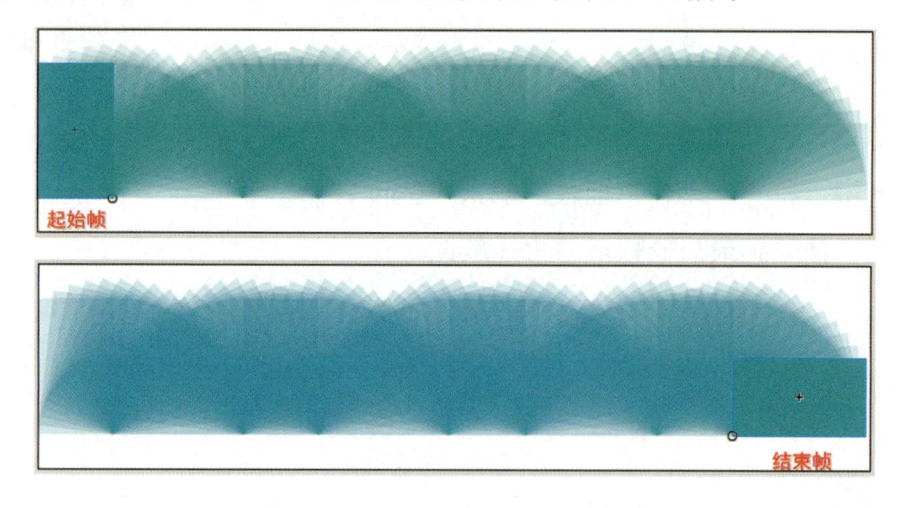

图 3-41

3.6 提高创新

学习目标：掌握圆环360°翻转动画效果的制作思路及方法。

补间动画 任务 3

实现效果：圆环慢慢旋转 360°，如图 3-42 所示。

设计思路：利用"变形"面板的倾斜变形值，实现对象 360°翻转动画的效果。下面的案例是通过改变倾斜高度值实现翻转，通过改变倾斜宽度值也同样可以实现翻转效果。

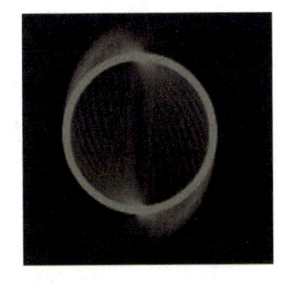

具体实现：

图 3-42

1. 创建圆环

新建图形元件"圆环"。进入元件编辑环境，绘制正圆，填充颜色：没有颜色，笔触颜色：灰色。

2. 制作圆环旋转的动画效果

① 切换到场景 1，将图层 1 重命名为圆环。在舞台上生成"圆环"实例，设置圆环与舞台中心对齐。

② 在第 1 帧处设置"圆环"实例的 Alpha 值为 0%。打开"变形"面板，选中"倾斜"单选按钮，将倾斜高度设置为 180°，如图 3-43 所示。

③ 在第 8 帧处按【F6】键插入关键帧，设置"圆环"元件实例的 Alpha 值为 30%。在"变形"面板中将倾斜高度设置为 130°，如图 3-44 所示。

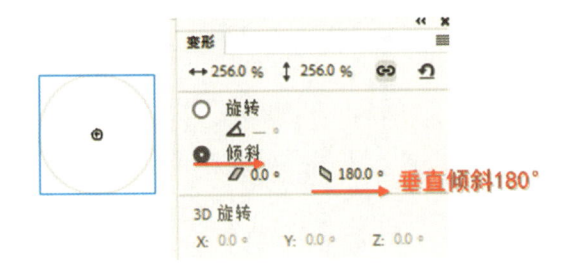

图 3-43

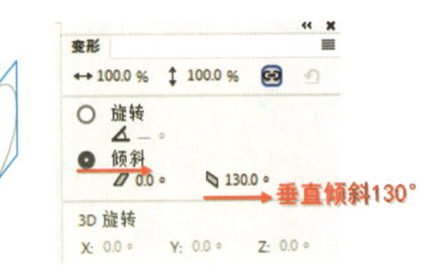

图 3-44

④ 在第 12 帧处按【F6】键插入关键帧，设置"圆环"元件实例的 Alpha 值为 50%。在"变形"面板中将倾斜高度设置为 95°，如图 3-45 所示。

⑤ 在第 14 帧处按【F6】键插入关键帧，设置"圆环"实例的 Alpha 值为 55%。在"变形"面板中将倾斜高度设置为 83°，如图 3-46 所示。

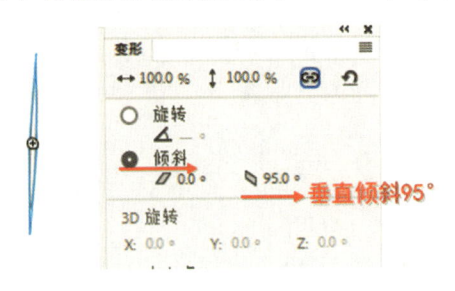

图 3-45

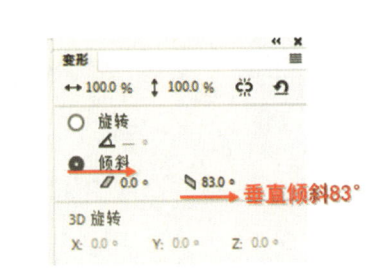

图 3-46

⑥ 在第 25 帧处按【F6】键插入关键帧，设置"圆环"元件实例的 Alpha 值为 100%。在"变形"面板中将倾斜高度设置为 0°，如图 3-47 所示。

⑦ 在第 1~25 帧之间创建传统补间，圆环旋转一周的动画制作完成，时间轴如图 3-48 所示。保存源文件并导出 swf 影片，动画最终完成。

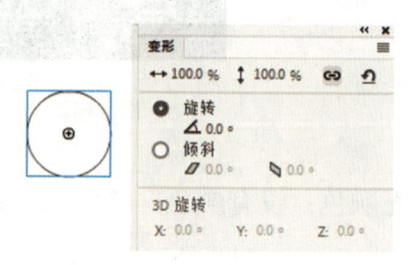

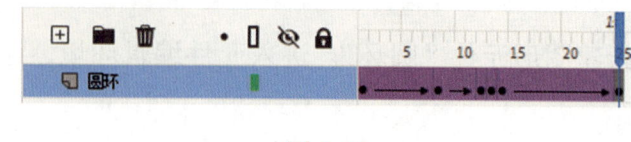

图 3-47

图 3-48

任务 4

ActionScript 3.0 脚本基础

通过 ActionScript 动作脚本能使创作出来的动画具有很强的交互性。在简单的动画中，Animate 按顺序播放动画中的场景和帧，而在交互动画中，用户可以使用键盘或鼠标与动画进行交互，不仅改变动画的播放顺序，增强用户的参与度，也增强了 Animate 动画的魅力。

4.1 任务分析

知识目标

了解事件侦听机制、函数的作用及调用方法；
掌握为实例命名的方法、在"动作"面板选择常用动作脚本的方法。

技能目标

能够通过代码提示选择动作脚本；
能够制作鼠标交互的动画效果；
能够制作键盘交互的动画效果。

素质目标

培养学生自主学习的能力：对时间轴控制函数的灵活应用。

思政目标

培养学生多角度思考问题的能力和面对困难敢于拼搏、敢于挑战的精神。

4.2 难点剖析

Animate 中"动作"面板的"代码提示",提供了大量的常用代码块,几乎可以满足初级阶段学习者对代码的需求。通过代码提示,可以在没有编程基础的情况下,通过鼠标选择的方式制作很多常用的动画效果。若想取得一定的成绩,需要对 ActionScript 有更多、更深入的了解;如果要做优秀的 ActionScript 编程人员,就需要付出更多的时间、精力,更重要的是要有一种态度:不懈地追求完美。

4.3 相关知识

4.3.1 Animate 中的编程环境

1. AS 脚本

AS 即 ActionScript 的缩写,是针对 Animate 的编程语言,AS 是内嵌在 Animate 中的语言,又叫作脚本程序、代码、指令。可以实现交互、流程管理、元件控制、数据管理及其他功能。

通过 ActionScript 设置动作,可以创建交互动画。ActionScript 每一行代码都可以简单地从 ActionScript 面板中直接调用。使用动作面板上的按钮,无须编写任何动作脚本就可以插入动作。

2. "动作"面板

Animate 是在"动作"面板的编辑环境中进行动作脚本的编写的,如图 4-1 所示。

4-1 动作面板

(1)打开"动作"面板
- 方法一:按【F9】键。
- 方法二:右击关键帧,选择"动作"命令。
- 方法三:选择菜单命令"窗口"—"动作"。

(2)"动作"面板的构成

"动作"面板主要由脚本窗格、脚本导航器、工具栏构成。

ActionScript 3.0 脚本基础 任务 4

- 脚本窗格。脚本窗格是输入 ActionScript 代码的区域，可通过菜单命令"编辑"—"首选参数"—"编辑首选参数"命令项，打开"首选参数"对话框，设置代码字体、字号、颜色等参数，如图 4-2 所示。

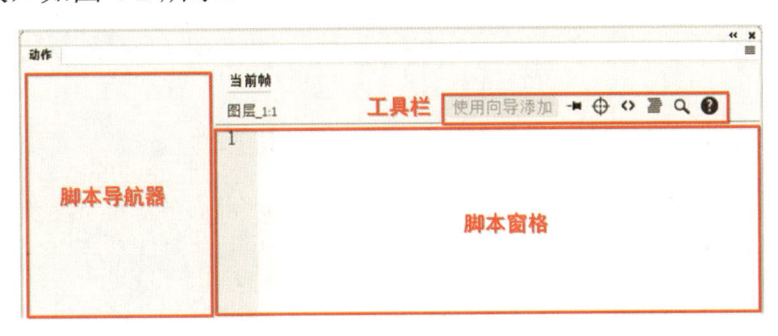

图 4-1

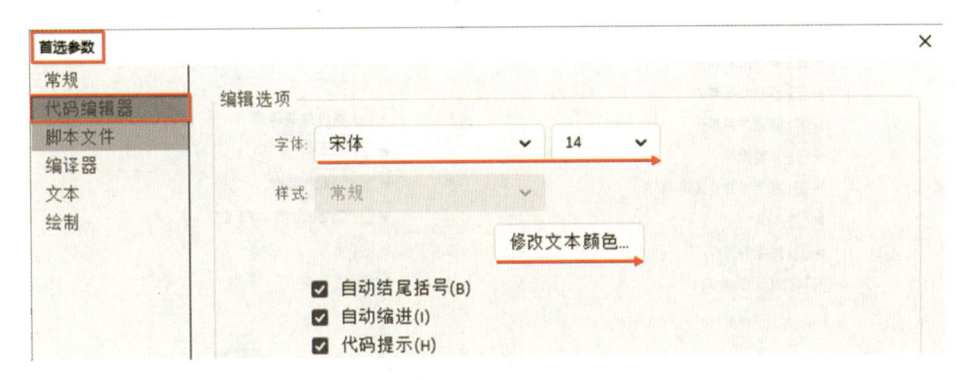

图 4-2

- 脚本导航器。脚本导航器列出了当前文档中已应用动作脚本的所有帧，通过在列出的各帧上单击，可以快速在文档的 ActionScript 动作脚本之间进行切换，如图 4-3 所示。

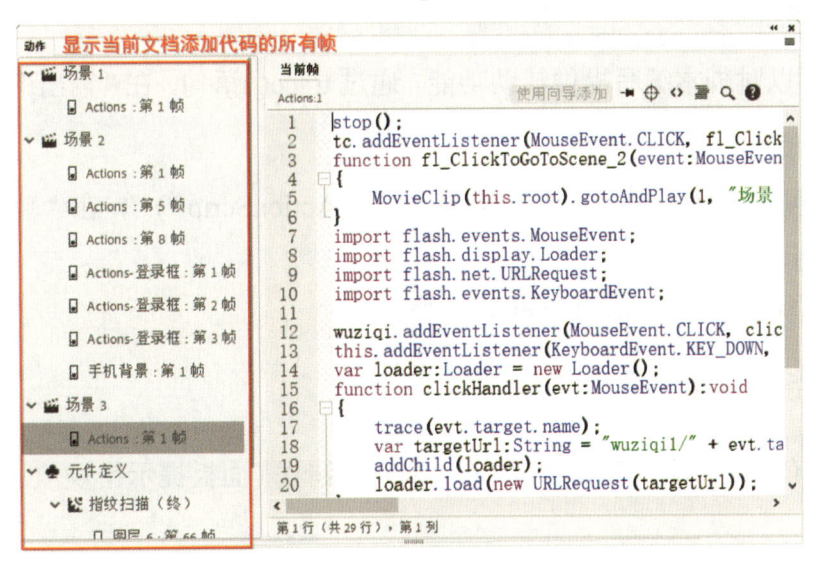

图 4-3

- 工具栏。单击"代码片断"按钮，打开"代码片断"对话框，代码分两类：ActionScript 和 HTML5 Canvas，如图 4-4 所示。

085

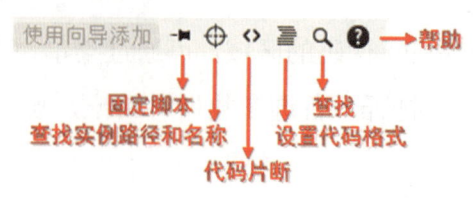

图 4-4

（3）添加代码的方式

- 从"代码片断"选择代码，如图 4-5 所示。

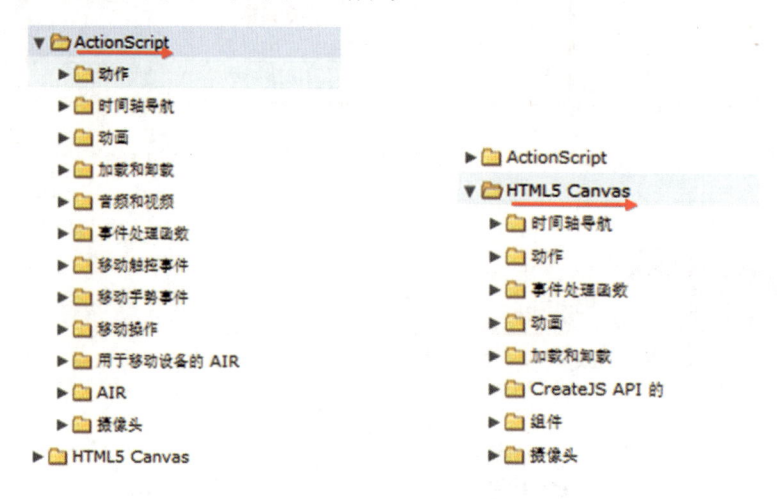

图 4-5

- 直接录入，一定要在英文输入法状态下录入。
- 从别的文件复制代码文本。

3. "输出"面板

"输出"面板可以对脚本编写提供辅助功能，通过 trace( ) 语句，在"输出"面板中输出内容，供测试和调试代码使用。

例如，在关键帧输入代码"trace("Animate 脚本：ActionScript");"，在"输出"面板显示输出内容，如图 4-6 所示。

```
trace("Animate 脚本：ActionScript");
```

4. "编译器错误"面板

如果输入脚本有误，当测试动画时，会在"编译器错误"面板提示错误信息，如图 4-7 所示。

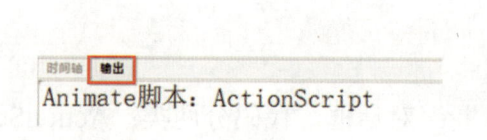

图 4-6

图 4-7

4.3.2 ActionScript 3.0 编程基础

在 AS 3.0 中,对象是最基本的单位,声明的变量、定义的函数和建立的类的实例等都是对象。使用 AS 3.0 编程,就是使用一组对象处理任务、响应事件和与其余对象通讯。无论是基本数据类型,还是复杂数据类型,都是类。

1. ActionScript 3.0 代码添加规则

AS 3.0 规定,只能在关键帧输入代码且在英文输入法状态下输入。

AS 3.0 规定,只能通过实例名称对影片剪辑元件实例、按钮元件实例、动态文本、输入文本等进行控制。

2. ActionScript 3.0 基本语法

① AS 3.0 区分大小写,即使是同一个单词,大小写不同,也会被认为是不同的。
② AS 3.0 是面向对象的编程语言,通过点运算符"."访问对象的属性和方法。
③ AS 3.0 使用分号";"来结束一个程序语句。
④ AS 3.0 支持两种类型的注释:单行注释和多行注释,如图 4-8 所示。

> **提示**
>
> 注释能使代码更易于阅读和理解。在编译时,编译器将忽略被标记为注释的文本。

- 单行注释:以两个正斜线"//"开头,注释作用持续到该行的末尾。
- 多行注释:如果注释文本跨行,则需要使用多行注释。以"/*"开头,以"*/"结尾。

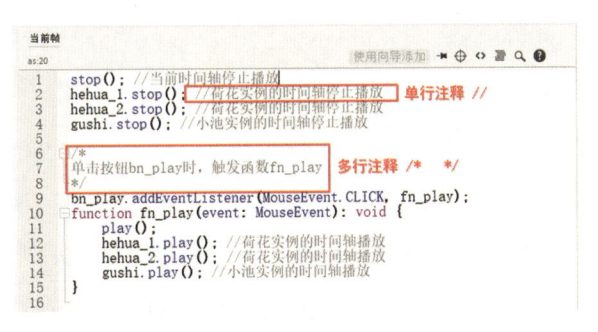

图 4-8

3. 数据类型

在 AS 3.0 中声明一个变量或常量时,可以为其指定数据类型。ActionScript 的数据按照其结构可以分为基元数据类型、核心数据类型和内置数据类型。

(1)基元数据类型

基元数据类型是 ActionScript 最基础的数据类型。所有 ActionScript 程序操作的数据都是由基元数据组成的，它包括七种子类型，其详细介绍如表 4-1 所示。

表 4-1 基元数据类型

数据类型		含 义
数字	int	表示整数。存储为 32 位整数，取值范围为 -2147483648 ~ 2147483647，默认值 0
	uint	表示无符号的整数（非负整数）。 存储为 32 位整数，取值范围为 0 ~ 4294967295，默认值 0
	Number	表示整数、无符号整数和浮点数。 存储为 64 位整数，取值范围为 -9,007,199,254,740,992 ~ 9,007,199,254,740,992，默认值 NaN
字符串	String	表示 16 位字符的序列。 字符串在数据的内部存储为 Unicode 字符，并使用 UTF-16 格式
布尔值	Boolean	包含两个值：true（真）和 false（假），或者 1 和 0。 已声明但未初始化的布尔变量的默认值为 false
void	void	表示无类型的变量。void 型变量仅可用作返回类型，默认值 null
null	null	表示空值，只有一个值 null。是 String 数据类型和用来定义复杂数据类型的所有类（包括 Object 类）的默认值

（2）核心数据类型

除基元数据类型外，ActionScript 还提供了一些复杂的核心数据类型。核心数据主要包括 Object（对象）、Array（数组）、Date（日期）、Error（错误对象）、Function（函数）、RegExp（正则表达式对象）、XML（可扩充的标记语言对象）和 XMLList（可扩充的标记语言对象列表）等。

其中，最常用的核心数据是 Object。Object 数据类型是由 Object 类定义的。Object 类用作 ActionScript 中的所有类定义的基类。

（3）内置数据类型

大部分内置数据类型及程序员定义的数据类型属于复杂数据类型。下面是常用的一些复杂数据类型。

- MovieClip：影片剪辑元件。
- TextField：动态文本字段或输入文本字段。
- SimpleButton：按钮元件。

例如，在舞台上生成一个影片剪辑元件实例、一个按钮元件实例；创建一个动态文本、一个输入文本。在"属性"面板，分别为它们命名为 mc、bn、t1、t2；在"动作"面板输入 trace(mc); trace(bn); trace(t1); trace(t2);; 测试动画，在"输出"面板显示：[object MovieClip] [object SimpleButton] [object TextField] [object TextField]。

提示

经常用作数据类型的两个词是类和对象。类仅仅是数据类型的定义，好比用于该数据类型的所有对象的模板，如"所有 Example 数据类型的变量都用于这些特性：A、B、C"。相反，对象仅仅是类的一个实例，可将一个数据类型为 MovieClip 的变量描述为一个 MovieClip 对象。

4. 变量

（1）变量的声明

变量由变量名和变量值构成，变量名可以区分各个不同的变量，变量值可以确定变量的类型与大小。声明变量的格式：

```
var 变量名:数据类型;
```

例如，声明一个 int 类型的变量 i 的语句如下：

```
var i:int;
```

注意：变量名必须先声明后使用。

（2）变量的赋值

可以使用赋值运算符"="为变量赋值。例如，声明一个整型变量 i 并将值 10 赋给。

```
var i:int;
i=10;//将 10 赋给变量 i
```

也可以在声明变量的同时为变量赋值，例如：

```
var i:int=10;//声明整型变量 i，同时为 i 赋值
```

如果要声明多个变量，则可以使用逗号运算符","来分隔变量。例如，在一行中声明三个变量：

```
var a:int , b:int , c:int; //声明三个整型变量 a、b、c
```

（3）变量名的命名规则

变量名的第一个字符必须是字母、下划线或美元符号，其后的字符可以是字母、数字、下划线或其他符号。

变量名一般是一些英文字母，如 a=0,i=1,sum=100,word="hello!"。但是有些单词是 ActionScript 内部专用的关键字，不可以当作变量名，如"const""var""if""goto""play""stop""function"等，当然，也不能是"true""false"。

5. 常量

常量就是在程序中自始至终保持不变的数值，可用 const 来定义常量。例如，定义整型常量 MAXIMUM。

```
const MAXIMUM:int=100;
```

注意

ActionScript 中定义的常量均使用大写字母，各单词间用下划线"_"连接。

常量有以下三种：

① 数值型常量：具体的数值，可以用来计算的数，可以用数学方式来处理，如乘法、除法、

减法、开方、平方等。

② 字符串型常量：不可计算的字符，如"abc""0371 621111111"。

> **提示**
>
> 字符串型常量一定要用引号。

使用"+"连接操作符可以实现字符串的连接，例如，"abc"+"8824517"的结果是"abc8824517"。如果是"725"+"18"，则结果是"72518"，这只是一个号码，而不是数值。

> **提示**
>
> 在 ActionScript 3.0 中，有三种方式可以实现字符串的连接：使用"+"连接操作符、使用"+="自赋值连接操作符和使用 String.concat()方法。

③ 逻辑型常量：表示逻辑的真和假，只有两个值"true（真）"或"false（假）"。

6. 函数

函数以一个名称代表一系列代码，通常这些代码可以完成某个特定的功能。在需要实现该功能的地方直接调用函数名即可。Animate 不仅提供了丰富的内置函数，还可以编制自定义函数以扩展函数的功能。

（1）函数名的命名规则

函数名的命名类似于变量，以字母开头，后面可以是数字、字母、下划线等。

函数名一般采用驼峰的命名结构。驼峰，是指当定义的变量名由多个单词组成时，第一个单词全部小写，其余单词的第一个字母大写，其余字母小写。

> **提示**
>
> ActionScript 的函数及对象的方法均采用驼峰的命名结构，例如，时间轴跳转函数 gotoAndPlay( )、侦听事件的 addEventListener( )方法。

（2）定义函数

```
function 函数名（参数1：参数类型，参数2：参数类型...）：返回类型
{
    // 函数体
}
```

- function：定义函数使用的关键字。注意：function 关键字要以小写字母开头。
- 函数名：定义函数的名称。函数名必须符合变量命名的规则，最好给函数取一个与其功能一致的名称。

- 小括号：定义函数的必需格式，小括号内的参数和参数类型都可选。
- 返回类型：定义函数的返回类型也是可选的，要设置返回类型，冒号和返回类型必须成对出现，且返回类型必须是存在的类型。
- 大括号：定义函数的必需格式，需要成对出现。其中括起来的是函数定义的程序内容，是调用函数时执行的代码。
- 返回类型：如果函数不返回任何值，在函数末尾加上"：void"。

（3）调用函数

函数只是一个编写好的程序块，在没有被调用之前，什么也不会发生。只有通过调用函数，函数的功能才能够实现，才能体现出函数的价值和作用。

对于没有参数的函数，可以通过在该函数的名称后面加一个圆括号（它被称为"函数调用运算符"）来调用。

例如，定义一个输出文本的函数 text( )：

```
function text()
{
    trace("ActionScript 3.0");//输出文本" ActionScript 3.0"
}
```

使用该函数时，直接通过函数名即可调用，即 text( )。

7. 坐标

Animate 中的坐标系与数学中的坐标系不同，Animate 主场景中的坐标系与影片剪辑中的坐标系也不同。

- Animate 主场景中的坐标系：以主场景的左上角为坐标原点（0，0），X 轴的正方向向右延伸，Y 轴的正方向向下延伸，如图 4-9（a）所示。
- 影片剪辑的坐标系：以元件编辑环境正中央的中心点"+"为坐标原点（0，0），X 轴的正方向向右延伸，Y 轴的正方向向下延伸，如图 4-9（b）所示。

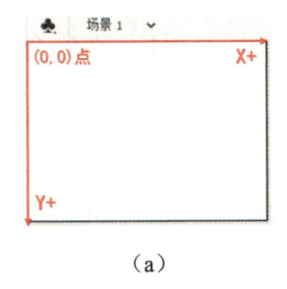

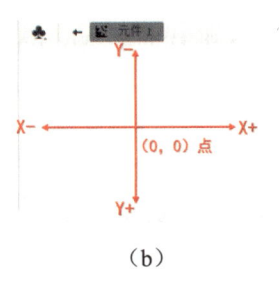

（a）　　　　　　　　　　　（b）

图 4-9

8. 路径

点运算符"."用来连接对象与嵌套在对象中的子对象，以及访问对象与对象的属性和方法，用这种方法体现出来的对象的层次关系和位置关系称为对象的路径。

① _root，代表主时间轴的关键字。以_root 开始的路径，即主时间轴的路径称为绝对路径。

② this，代表当前对象的关键字。相对路径是目标对象相对于 AS 动作脚本所在对象的路径。this 表示当前对象（AS 所在对象）自身，可以省略。

9. 舞台（stage）和主时间轴（root）的关系

舞台（stage）和主时间轴（root）的关系，如图 4-10 所示。

图 4-10

（1）舞台（stage）

每个 Animate 影片都有一个舞台对象，而且在 Animate 的执行环境（Animate Player）中，也仅有一个舞台。程序通过显示对象的 stage 属性来存取舞台。

在 Animate 文档中输入以下内容，均会在"输出"窗口输出：[object MainTimeline]，表示主时间轴。

```
trace(this);      //输出：[object MainTimeline]
trace(root);      //输出：[object MainTimeline]
```

（2）主时间轴（root）

每个 Animate 影片都有一个主时间轴，也就是位于最上层舞台的时间轴，在程序中通过显示对象（如影片片段、文字字段、按钮等）的 root 属性来存取。

在 Animate 文档中输入以下内容，均会在"输出"窗口输出：[object Stage]，表示舞台。

```
trace(stage);     //输出：[object Stage]
```

（3）舞台和主时间轴的关系

在播放 Animate 影片时，Animate Player 会自动把影片的主时间轴挂载在舞台之下，换句话说，主时间轴是舞台的唯一子对象（child）。

在 Animate 文档中输入以下内容，均会在"输出"窗口输出：1；[object MainTimeline]。

stage.numChildren，表示 stage 的子对象数量。因为只有一个时间轴，所以输出：1。

stage.getChildAt(0)，表示 stage 的第一个子对象。只有一个时间轴，所以输出：[object MainTimeline]。

```
trace(stage.numChildren);           //输出：1
trace(stage.getChildAt(0));         //输出：[object MainTimeline]
```

4.3.3 事件和事件处理

1. 事件

在 Animate 中,经常需要对一些情况进行响应,如鼠标的运动、用户的操作等,这些情况统称为事件。Animate 中的事件包括用户事件和系统事件两类。

- 用户事件是指用户直接与计算机交互操作而产生的事件,如单击按钮或敲击键盘等由用户的操作所产生的事件。
- 系统事件是指 Animate Player 自动生成的事件,它不是由用户生成的,如动画播放到某一帧或影片剪辑被加载到内存中。

常用的事件如下:

KEY_DOWN:按任一键时。

ENTER_FRAME:播放头移到新的帧上时。

CLICK:鼠标单击实例。

MOUSE_OVER:鼠标悬停到实例上方。

MOUSE_OUT:鼠标离开实例。

> **提示**
>
> 事件名是常量,所以要大写,单词之间用下划线连接。

2. 事件处理函数

为了使应用程序能够对事件做出反应,必须编写与事件相对应的事件处理程序(函数)。事件处理程序是与特定对象和事件关联的动作脚本代码。例如,当用户单击某个按钮时,可以暂停影片的播放。

简单地说,就是发生一件事情,由这件事情而触发了函数去运行某段代码。当某种事件发生时,该函数被自动调用执行。

事件有很多,没有设置触发的事件是无效的,也可以说不是事件。只有设置了相关触发和响应的才是事件。常见的事件处理函数如图 4-11 所示。

▼ 📁 事件处理函数
　📄 Mouse Click 事件
　📄 Mouse Over 事件
　📄 Mouse Out 事件
　📄 Key Pressed 事件
　📄 Enter Frame 事件

图 4-11

> 提示
>
> 利用事件处理函数，可以将时间处理程序添加到关键帧上。

3. 响应

响应是在触发作用下做出的反应。例如，在"鼠标按下按钮，动画开始播放音乐"中，"鼠标按下"就是触发，"音乐播放"就是响应。

4. 事件侦听机制

> 提示
>
> 事件侦听机制，初学者难以掌握代码格式。本任务主要训练通过"动作"面板的"代码提示"获取其格式的方法。所以，此处以理解为主。

事件侦听是 Animate 互动的核心。在 AS 3.0 中使用 addEventListener( )方法来侦听事件并触发响应。要将事件附加到事件处理程序，需要使用事件侦听器，事件侦听器等待事件发生，在事件发生时就会运行对应的事件处理函数。

4-2 事件侦听

（1）编写事件侦听代码的注意事项
- 首先，需要确定事件侦听的对象。
- 其次，需要确定侦听的事件。
- 最后，需要设置处理事件的侦听函数。

（2）事件侦听的格式

> 被侦听的对象.addEventListener(需要侦听的事件,当该事件发生后需要触发的函数名);

（3）事件处理函数的格式

在事件发生时运行的特殊函数被称为"事件处理函数"，事件处理函数的格式如下，代码分析如图4-12（a）所示。

> function 函数名(event: 事件):void
> {
>   //执行代码;
> }

例如，单击实例名为 bn 的按钮时，执行函数 f1，代码分析如图4-12（b）所示。

> bn.addEventListener(MouseEvent.CLICK,f1);
> function f1(event: MouseEvent): void {
>   trace("Click me!");
> }

上述代码实现的功能是：当鼠标单击实例名为 bn 的按钮时，在"输出"面板中输出文本"Click

me!",如图 4-13 所示。
- bn:事件侦听的对象。
- MouseEvent.CLICK:鼠标单击事件。
- f1( )函数:事件处理函数。

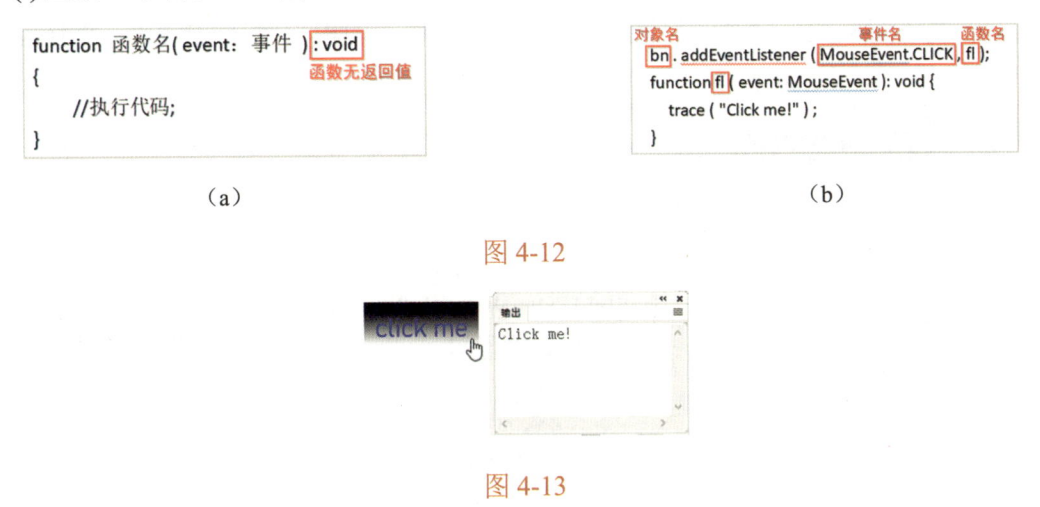

(a)　　　　　　　　　　　(b)

图 4-12

图 4-13

(4)移除事件侦听器

与 addEventListener( )方法相对应的是移除事件侦听器的 removeEventListener( )方法。当事件侦听器不再被使用时,可以使用 removeEventListener( )方法将该事件侦听器移除。

4.4 案例实现

4-3 生成随机数

4.4.1 生成随机数

学习目标:掌握根据"动作"面板"代码片断"按钮选择动作脚本的方法。

实现效果:测试动画时,在"输出"面板生成随机数,如图 4-14 所示。

图 4-14　　　　　　　　　　　图 4-15

具体实现：

1. 选择代码

① 打开"动作"面板，在工具栏单击"代码提示"按钮；单击"AcionScript"，展开"动作"命令项，双击"生成随机数"命令（见图 4-15），在"动作"面板自动生成代码，如图 4-16 所示。

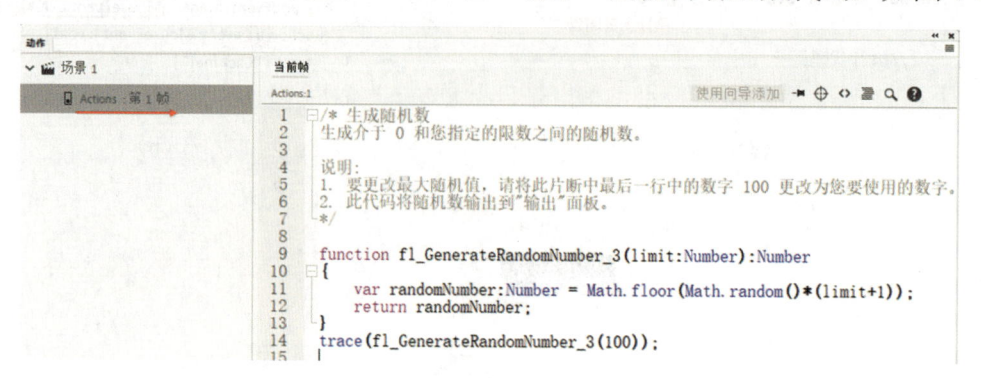

图 4-16

> 提示
>
> "/*""*/"之间为注释内容，解释代码功能，并提示数字取值范围的修改方法。

② 同时，在场景 1 中自动生成 Actions 图层。因第 1 帧已编写代码，所有第一个关键帧上有一个字母 a，如图 4-17 所示。

> 提示
>
> 当前代码的功能——在"输出"面板输出一个 0～100 之间的随机数。

2. 测试动画

在测试动画时，在"输出"面板会随机生成 0～100 之间的一个数字，如图 4-18 所示。

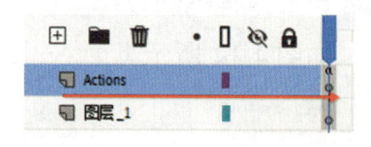

图 4-17 　　　　　　　　　　　　图 4-18

3. 修改代码

将 trace(fl_GenerateRandomNumber_3(50)) 语句修改为如下语句（见图 4-19）。

```
trace("幸运学号："+fl_GenerateRandomNumber_3(50))
```

```
14    trace("幸运学号："+fl_GenerateRandomNumber_3(50));
```

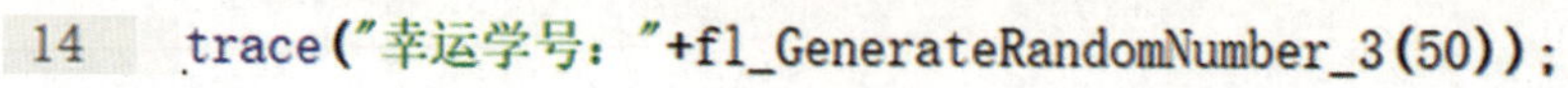

图 4-19

> **提示**
>
> +：字符串连接符。将字符串"幸运学号："和随机数值"fl_GenerateRandomNumber_3(50)"连接。

> **注意**
>
> 默认函数名：fl_GenerateRandomNumber_1。函数名太长了，不方便使用。此处，将函数名 fl 后的内容删除。函数名更名为 fl。

最终代码为：

```
//定义函数 fl,生成 0-50 之间的随机数
function fl(limit:Number):Number
{
    var randomNumber:Number = Math.floor(Math.random()*(limit+1));
    return randomNumber;
}
//调用函数 fl
trace(fl(50));
```

4. 测试动画

测试动画，得到预想效果，如图 4-14 所示。

4.4.2 鼠标事件——按钮控制太阳升落

学习目标：掌握按钮控制动画的代码选择方法。

效果实现：单击"上升"按钮，太阳上升；单击"下落"按钮，太阳下落，如图 4-20 所示。

设计思路：对太阳实例、按钮实例命名，在"动作"面板中，通过"代码提示"选择鼠标单击事件，获得该事件的侦听格式；最后修改代码。

图 4-20

4-4 按钮控制太阳升落

具体实现：

1. 动画准备

打开文件素材"太阳"。

2. 实例命名

① 场景 1，选择太阳实例，在"属性"面板命名"sun"。
② 选择"上升"按钮，在"属性"面板命名"up"。
③ 选择"下落"按钮，在"属性"面板命名"down"，过程如图 4-21 所示。

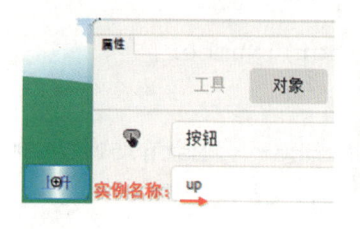

图 4-21

3. 选择代码

① 选择"上升"按钮实例。打开"动作"面板，在工具栏单击"代码提示"按钮。
② 单击"AcionScript"，展开"事件处理函数"命令项，双击"Mouse Click（鼠标单击）"命令（见图 4-22），在"动作"面板自动生成代码。

提示

当前代码的功能——单击"上升"按钮，在"输出"面板输出：已单击鼠标。

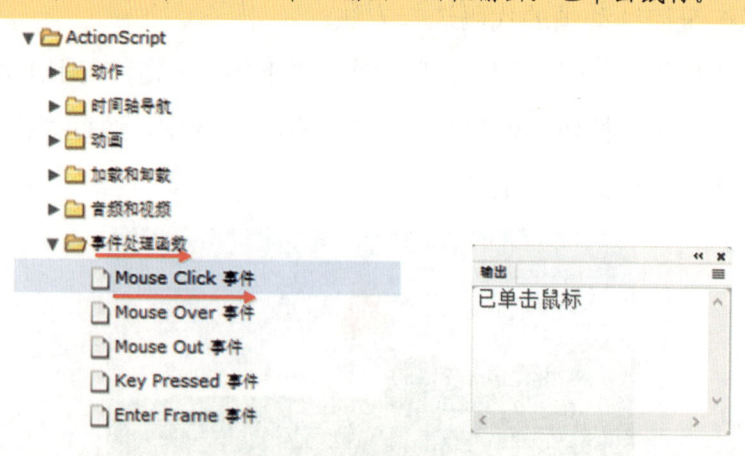

图 4-22

/* Mouse Click 事件
单击此指定的元件实例会执行您在其中添加自己的自定义代码的函数。
说明：

1. 在以下"// 开始您的自定义代码"行后的新行上添加您的自定义代码。
单击此元件实例时，此代码将执行。
*/
```
up.addEventListener(MouseEvent.CLICK, fl_MouseClickHandler);
function fl_MouseClickHandler(event:MouseEvent):void
{
    // 开始您的自定义代码
    // 此示例代码在"输出"面板中显示"已单击鼠标"。
    trace("已单击鼠标");
    // 结束您的自定义代码
}
```

4. 修改代码

影片剪辑部分常用属性如表4-2所示。

表4-2 影片剪辑部分常用属性

属　　性	意　　义
alpha	影片剪辑实例的透明度
rotation	影片剪辑的旋转角度（以度为单位）
visible	确定影片剪辑的可见性
height	影片剪辑的高度（以像素为单位）
width	影片剪辑的宽度（以像素为单位）
xscale	影片剪辑的水平缩放比例
yscale	影片剪辑的垂直缩放比例
x	影片剪辑的 X 坐标
y	影片剪辑的 Y 坐标

① 设定太阳的初始位置。当前太阳实例在舞台外，根据表4-2提示，通过 x、y 属性跳转太阳实例的位置。

```
sun.x = 280;
sun.y = 250;
```

② 单击"上升"按钮，太阳向上移动若干像素。因为场景中 y 轴向上为-，向下为+，所以，设置 y 轴每次减少 5 像素。可以自行设定减少像素数。

```
sun.y -= 5;
```

③ 代码块修改后。

提示

默认函数名过于冗长，在熟悉了事件侦听机制后，可以自定义函数名称。
此处，将默认的函数名 fl_MouseClickHandler 修改为 f1。请对比观察。

```
//设定太阳实例的初始位置
sun.x = 280;
sun.y = 250;
//单击按钮实例 up,触发函数 f1
up.addEventListener(MouseEvent.CLICK, f1);
function f1(event: MouseEvent): void {
    //向上移动 5 个像素
    sun.y -= 5;
}
```

5. 最终代码

```
//设定太阳实例的初始位置
sun.x = 280;
sun.y = 250;
//单击按钮实例 up,触发函数 f1
up.addEventListener(MouseEvent.CLICK, f1);
function f1(event: MouseEvent): void {
    //向上移动 5 个像素
    sun.y -= 5;
}
//单击按钮实例 down,触发函数 f2
down.addEventListener(MouseEvent.CLICK, f2);
function f2(event: MouseEvent): void {
    //向下移动 5 个像素
    sun.y += 5;
}
```

4.4.3 键盘事件——方向键控制影片剪辑实例的移动

学习目标：掌握使用键盘控制 Animate 的方法。

实现效果：通过键盘中上、下、左、右 4 个方向键控制对象的移动，并显示按键对应的 ASCII 码值，如图 4-23 所示。

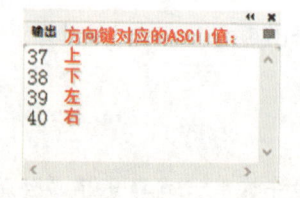

图 4-23

设计思路：使用键盘控制 Animate，就需要使用键盘事件侦听。键盘的敲击事件是由舞台来感知的，所以应该为 stage 添加键盘事件侦听机制。

具体实现：

1. 动画准备

打开文件素材"小鱼"。

2. 实例命名

场景 1，选择"游动的小鱼"实例，在"属性"面板中将其命名"fish"，如图 4-24 所示。

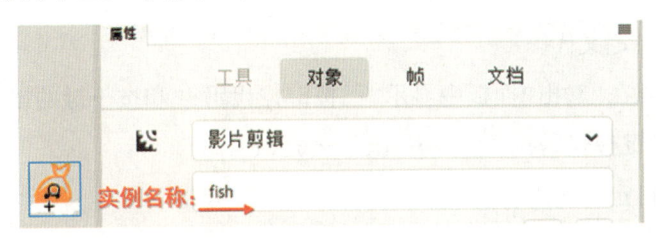

图 4-24

3. 选择代码

① 打开"动作"面板，在工具栏单击"代码提示"按钮。

② 单击"AcionScript"，展开"事件处理函数"命令项，双击"Key Pressed"命令，如图 4-25 所示，在"动作"面板自动生成代码。

> 提示
> 当前代码的功能——按下键盘上的任意键，在"输出"面板输出：已按键控代码及对应的 ASCII 值。

③ 测试动画。按下方向键，在"输出"面板看到对应的 ASCII 值，如图 4-25 所示。

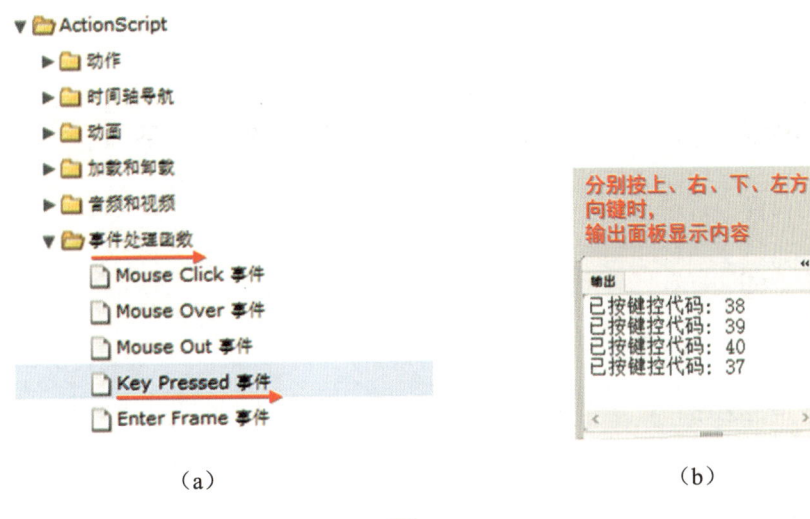

（a）　　　　　　　　　（b）

图 4-25

```
/* Key Pressed 事件
按任一键盘键时，执行以下定义的函数 fl_KeyboardDownHandler。

说明：
1. 在以下"// 开始您的自定义代码"行后的新行上添加您的自定义代码。
该代码将在按任一键时将执行。
*/
stage.addEventListener(KeyboardEvent.KEY_DOWN, fl_KeyboardDownHandler);
function fl_KeyboardDownHandler(event:KeyboardEvent):void
{
    // 开始您的自定义代码
    // 此示例代码在"输出"面板中显示"已按键控代码："和按下键的键控代码。
    trace("已按键控代码： " + event.keyCode);
    // 结束您的自定义代码
}
```

4. 修改代码

选择代码，得到键盘事件侦听的格式，但内容需要进一步修改，才能达到要求。

① 参照表 4-2 提供的影片剪辑部分常用属性，为"游动的小鱼"的位置设定初始值。

```
fish.x = 200;
fish.y = 200;
```

② 为小鱼的宽度、高度设定初始值。

```
fish.width = 120;
fish.height = 120;
```

③ 通过多分支语句 switch...case，实现上、下、左、右方向键控制小鱼的位置变化。

> **提示**
>
> 此处，将默认的函数名 fl_KeyboardDownHandler 修改为 fish。请对比观察。

```
//设定小鱼的位置
fish.x = 200;
fish.y = 200;
 //设定小鱼的宽和高
fish.width = 120;
fish.height = 120;
//键盘事件侦听
```

```
stage.addEventListener(KeyboardEvent.KEY_DOWN,fish);
function fish(event:KeyboardEvent):void
{
    switch (event.keyCode)  //多分支判断语句
    {
    //当按下向上的方向键时，小鱼向上移动20像素
    case Keyboard.UP :
         fish.y -= 20;
         break;
    //当按下向下的方向键时，小鱼向下移动20像素
    case Keyboard.DOWN :
         fish.y += 20;
         break;
    //当按下向左的方向键时，小鱼向左移动20像素
      case Keyboard.LEFT :
         fish.x -= 20;
         break;
    //当按下向右的方向键时，小鱼向右移动20像素
      case Keyboard.RIGHT :
         fish.x += 20;
         break;
    }
    //"输出"面板显示按键的键码；keyCode：按键的键码
    trace(event.keyCode);
}
```

拓展案例——按键的键码显示在舞台上

按键的键码显示在舞台上，如图4-26所示。

图4-26

设计思路：使用动态文本框实现该功能。

① 在舞台创建动态文本框，实例名称为"tt"，如图4-27（a）所示。

② 绘制文本框外框线做装饰，添加文字说明（静态文本）"方向键ASCII值："，如图4-27（b）所示。

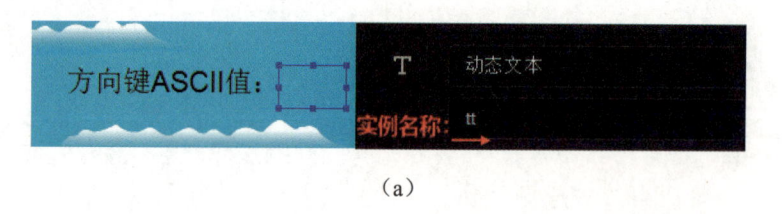

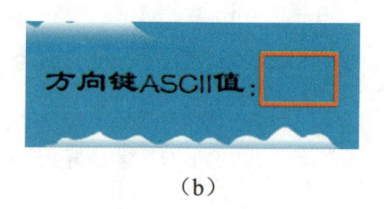

图 4-27

③ 将第四步代码 trace(event.keyCode);修改为：

```
//指向时间轴的文本[object TextField]
var a = this.tt;
//键盘 ASCII 值赋给文本框
a.text = event.keyCode;
```

4.5 任务总结

使用简单的 AS 代码使动画具有交互性是必有的能力。对于没有掌握面向对象编程思想的同学，直接编写程序难度很大。Animate 在"动作"面板提供了很多常用的代码块，本任务要求掌握选择代码片断的方法即可。对于有一定编程基础的同学，可以深入学习，在网络上找一些小游戏类的案例，参照提示，自己进行修改、制作。

4.6 提高创新

在游戏开发中，有时候动作的执行是需要持续进行的。在 ActionScript 中，常常通过 ENTER_FRAME 事件和设置 Timer 类来实现。

ENTER_FRAME 事件，指的是每次播放头移到新的帧中，都要执行一次函数，即使时间轴停止，事件也仍会发生，只有删除此事件控制或者移除响应动作的对象，才能停止该事件。

4-6 帧频触发事件

```
对象.addEventListener(Event.ENTER_FRAME,f1)
```
删除事件侦听：
```
对象.removeEventListener(Event.ENTER_FRAME, f1);
```

图 4-28

学习目标：掌握帧频触发事件代码块的选择方法。

效果实现：太阳上升，当太阳升到适当的位置时，太阳停下来，如图 4-28 所示。

设计思路：对太阳实例命名后，在"动作"面板通过"代码提示"选择 Enter Frame 事件，获得该事件的侦听格式；再修改代码。

具体实现：

1. 动画准备

打开文件素材"太阳"。

2. 实例命名

场景 1，选择"太阳"实例，在"属性"面板中将其命名"sun"，如图 4-29 所示。

图 4-29

3. 选择代码

① 打开"动作"面板，在工具栏单击"代码提示"按钮。

② 单击"AcionScript"，展开"事件处理函数"命令项，双击"Enter Frame"命令（见图 4-30），在"动作"面板自动生成代码。

> **提示**
>
> 当前代码的功能——每播放一帧，在"输出"面板输出一次"已进入帧"。

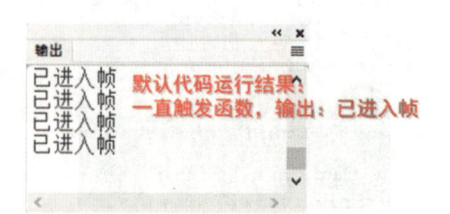

图 4-30

```
/* Enter Frame 事件
每次播放头移动到时间轴上的新帧中时，执行以下定义的函数 fl_EnterFrameHandler。
说明：
1. 在以下"// 开始您的自定义代码"行后的新行上添加您的自定义代码。
代码将在播放头移到新的时间轴帧时执行。
*/
addEventListener(Event.ENTER_FRAME, fl_EnterFrameHandler);
function fl_EnterFrameHandler(event:Event):void
{
    //开始您的自定义代码
    // 此示例代码在"输出"面板中显示"已进入帧"。
    trace("已进入帧");
    // 结束您的自定义代码
}
```

4. 修改代码

选择代码，得到帧频触发事件的格式，但内容需要进一步修改，才能达到要求。

① 参照表 4-2 提供的影片剪辑部分常用属性，为太阳的位置设定初始值。

② 通过条件判断语句 if，控制太阳到达 y 轴 45 时，停止上升的动画效果。

> **提示**
>
> 此处，将默认的函数名 fl_EnterFrameHandler 修改为 sunFly。请对比观察。

```
//设定太阳的初始位置
sun.x = 200;
sun.y = 200;
```

```
sun.addEventListener(Event.ENTER_FRAME,sunFly);
function sunFly(event:Event):void
{
    //太阳持续上升，一次上升5像素
     sun.y -= 5;
    //当太阳上升到45时，删除事件侦听
    if (sun.y < 45)
    {
        sun.removeEventListener(Event.ENTER_FRAME,sunFly);
    }
}
```

拓展案例——使用 Timer 类

Event.ENTER_FRAME 事件只能以帧频触发，局限性较大，ActionScript 3.0 的 Timer 类提供了一个强大的解决方案。

Timer 类是计时器的接口，以按指定的事件间隔调用计时器事件。使用 start( )方法可以启动计时器，使用 reset( )方法可以重置计时器。

4-7 Timer 类

使用 Timer 类，需要执行下面的步骤：

① 创建 Timer 类的实例，并告诉它每隔多长时间调用一次计时器事件及调用的次数。

```
Var myTimer:Timer=new Timer(delay:Number,repeatCount:int);
```

- delay:Number：计时器时间的延迟（以毫秒为单位）。

提示

1000 毫秒=1s。

- repeatCount:int：设置计时器运行总次数。如果为 0，则计时器重复无限次数；如果不为 0，则将运行指定次数后停止。

② 为 Timer 事件添加事件侦听器，以便将代码设置为按计时器间隔运行。

```
myTimer.addEventListener(TimerEvent.TIMER,timerHandler);
```

③ 启动计时器。

```
myTimer.start();
```

④ 停止计时器。

```
myTimer.stop();
```

效果实现：太阳上升，当太阳升到适当的位置时，太阳停下来，如图 4-31 所示。

设计思路：Timer 类，需要启动和停止。

图 4-31

具体实现：

1. 动画准备（同 4.6.1）

2. 实例命名（同 4.6.2）

3. 选择代码

① 打开"动作"面板，在工具栏单击"代码提示"按钮。

② 单击"AcionScript"，展开"动作"命令项，双击"示例定时器"命令（见图 4-32），在"动作"面板自动生成代码。运行秒数最大值为 30。

提示

当前代码的功能——每隔 1 秒调用一次函数，在"输出"面板输出：运行秒数及数值。

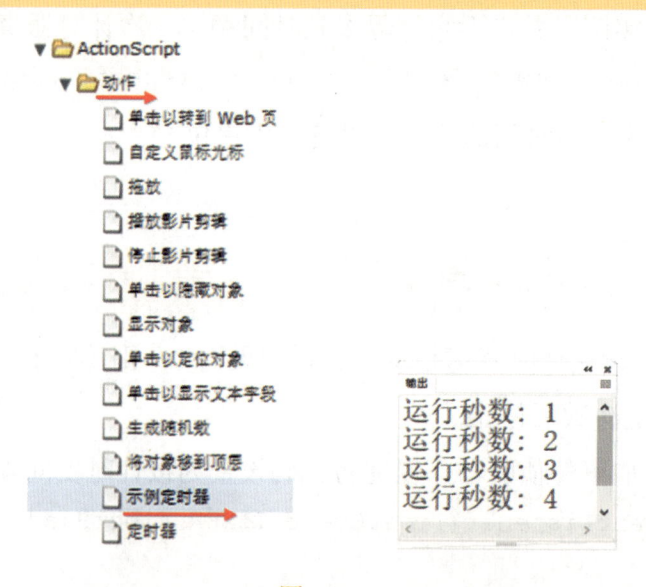

图 4-32

/* 示例定时器

在"输出"面板中显示定时器 30 秒。

通过此代码，可以创建您自己的定时器。

说明：

1. 要更改定时器中的秒数，将以下第一行中的值 30 更改为您所需的秒数。
*/
```
var fl_TimerInstance:Timer = new Timer(1000,30);
fl_TimerInstance.addEventListener(TimerEvent.TIMER, fl_TimerHandler);
fl_TimerInstance.start();
var fl_SecondsElapsed:Number = 1;
function fl_TimerHandler(event:TimerEvent):void
{
    trace("运行秒数： " + fl_SecondsElapsed);
    fl_SecondsElapsed++;
}
```

4. 修改代码

选择代码，得到 Timer 类触发事件的格式，但内容需要进一步修改，才能达到要求。

> **注意**
>
> 此处，将默认的函数名 fl_TimerHandler 修改为 timer。请对比观察。

```
    //新建 Timer 实例，时间间隔为 50ms
var myTimer:Timer = new Timer(1000,50);
    //设定太阳的初始位置
sun.x = 200;
sun.y = 200;
//为 Timer 事件添加侦听
myTimer.addEventListener(TimerEvent.TIMER,timer);
//启动计时器
myTimer.start();
function timer(event:TimerEvent):void
{
    sun.y -= 5;
    if (sun.y < 45)
    {
//关闭计时器
        myTimer.stop();
    }
}
```

任务 5

引导层动画

传统补间动画可以快速解决直线间的运动。当运动对象的运动轨迹是曲线或比较复杂时,如地球围绕太阳转、小鸟在天空飞翔、鱼儿在大海里遨游,可以创建引导层为运动对象指定运动路径,降低制作难度,提高工作效率。只有传统补间动画支持引导层、制作引导层动画,这是对传统补间动画的应用提高。

5.1 任务分析

知识目标

掌握引导层动画的制作思路和方法;
掌握引导层路径的绘制技巧。

技能目标

能够制作引导层动画;
能够排除引导层动画出现的错误。

素质目标

培养学生自主学习的能力:对引导层动画的灵活应用。

思政目标

培养学生自主探究的学习能力和勤动脑、勤动手的学习习惯。

5.2 难点剖析

引导层动画，就是运动对象沿路径的起点运动到路径的终点，因此，路径要有明确的起点、终点。如果路径是闭合的圆形，则运动对象会自动选择沿距离最近的路径运动，如图 5-1 所示。所以，引导层动画应避免出现闭合路径；如果需要闭合路径，应擦除一点儿路径，为闭合路径创建起点、终点。

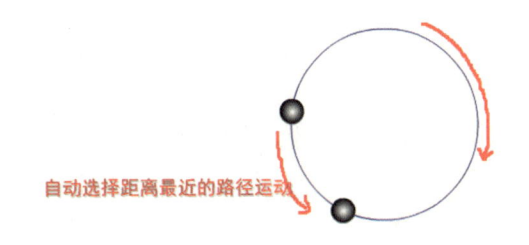

图 5-1

引导层可以有一条或多条路径；路径之间可以交叉或不交叉；一条路径可以引导一个对象或者多个对象。

5.3 相关知识

5.3.1 引导层动画

引导层动画要实现的效果：让运动对象按照设计好的路径运动。

1. 引导层的构成

基本的引导层动画由两个图层组成，分别是"引导层"和"被引导层"。

2. 制作思路

① 创建传统运动补间动画。
② 添加传统运动引导图层，绘制连续、圆滑的路径。
③ 调整实例的中心点分别与路径的起点、终点对齐。

5-1 引导层动画

3. 实现步骤

① 创建图形元件，绘制运动对象。

② 切换到场景1，从"库"面板中拖出元件，生成实例，创建实例的传统补间动画，锁定图层。

③ 右击图层，在弹出的快捷菜单中选择"添加传统运动引导层"命令，如图5-2（a）所示，建立引导关系，如图5-2（b）所示。

图 5-2

④ 在引导层，绘制一条连续、圆滑的线段，锁定图层。

> **提示**
>
> 引导线允许重叠，但在重叠处的线段必须保持圆润，以使Animate能够辨认出线段走向，否则会导致引导失败。

⑤ 使运动对象附着在引导线上。

切换到"选择工具"，激活"贴紧至对象"按钮 ⌒。在起始帧，将鼠标指针放在元件实例的中心点上，拖动元件实例中心点与路径起点重合；在结束帧，调整元件实例的中心点与路径终点重合，如图5-3所示。

图 5-3

> **提示**
>
> 激活"贴紧至对象"按钮后，拖动小球中心点移动到路径起点附近，中心点会自动吸附在路径上。

如果要调整小球中心点的位置，可借助"任意变形工具"，显示中心点后进行位置调整，如图5-4所示。

图 5-4

⑥ 选择小球，使用"任意变形工具"调整小球的角度，使小球与路径处于平行状态，如

112

图 5-5 所示。

测试动画，可以看到小球已经沿着路径进行移动了，但是小球并没有调整自身角度以适应路径的变化，特别是在拐弯处，如图 5-6 所示。

图 5-5　　　　　　　　　　　　　　　图 5-6

提示

为了保证运动对象随路径调整自身角度、大小，需要执行步骤⑦。

⑦ 选择被引导层的传统运动补间，在"属性"面板中勾选"调整到路径"复选框，再次播放动画，小球随路径调整自身角度，如图 5-7 所示。

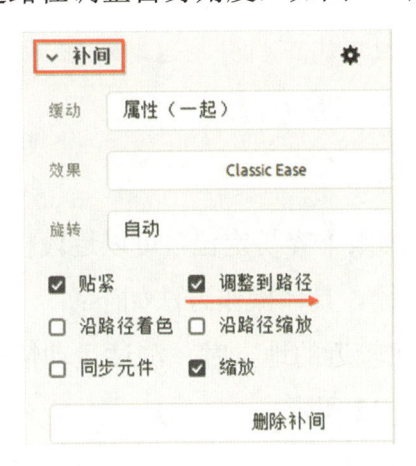

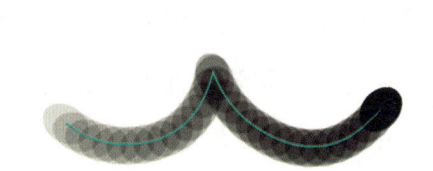

图 5-7

5.3.2　引导层动画的常见错误

初学者对引导层动画的操作会出现一些错误，现在对常见错误进行分析。

1. 引导关系没有正确建立

正确的引导关系：引导层的图标是曲线，引导层和被引导层的图标会形成前后位置关系，如图 5-8 所示。

如果引导关系没有正确建立，则引导层的图标是一个小锤子，并且引导层和被引导层的图标左侧在同一个位置，如图 5-9 所示。

图 5-8　　　　　　　　　　　　　　　图 5-9

修改方法：拖动被引导层，向右上角方向（红色箭头指向）拖动，如图 5-10（a）所示。调整后，引导关系正确，如图 5-10（b）所示。

（a）　　　　　　　　　　　　　（b）

图 5-10

2. 引导关系正确，但运动对象没有按路径运动，仍做直线运动

错误原因：运动对象没有被绑定到路径上。

修改方法：选择运动对象，开启"贴紧至对象"按钮，这时物体会显示一个小圆点，将鼠标指针放在小圆点上，然后拖动到路径上；将运动对象的 Alpha 值降到最低，可以清晰地看到中心点，如图 5-11 所示。

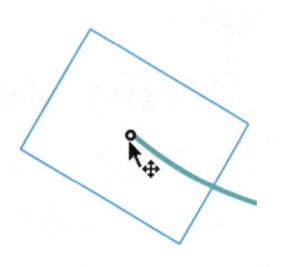

图 5-11

3. 引导关系正确，运动对象也绑定到路径上，但不能正确引导运动对象按路径运动

错误原因：引导线断裂。

修改方法：一般引导线断裂的断点非常微小，肉眼不容易定位，可以逐段检查路径；初步定位后，使用"放大镜工具"进行区域放大，检查路径。具体操作方法如下：

① 在结束帧将运动对象放置在距离路径起点比较近的地方时，测试运动情况是否正常（如果有交叉点，一般会选取交叉点为检查点），如图 5-12 所示。

② 如果该段路径正常，继续向后调整运动对象的位置，重复操作。在确定某段距离物体不能按路径运动时，再将结束帧的物体位置向路径前面移动，尽量精确地确定出问题的路径点。

③ 使用"放大镜工具"对路径进行区域放大，可以看到路径断裂点，如图 5-12 所示。

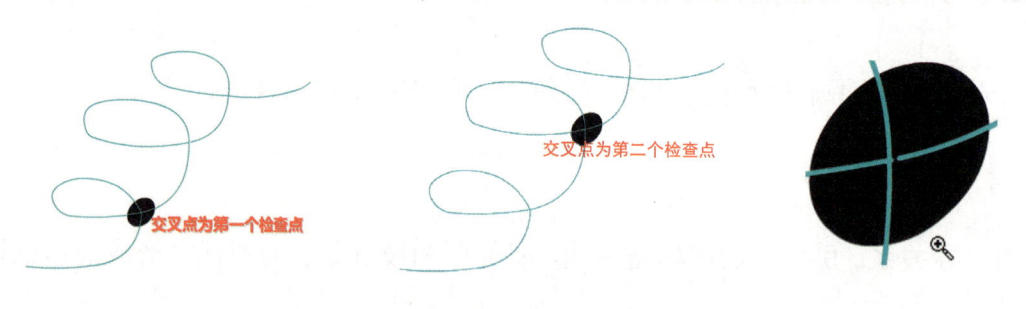

交叉点为第一个检查点　　　　交叉点为第二个检查点

图 5-12

④ 选择"选择工具"，开启"贴紧至对象"按钮，拖动断裂路径顶点，将断裂处连接在一起。

5.3.3　图层常用命令

因操作需要，有时会在同一个文件内复制图层，或者在多个文件之间拷贝图层。要掌握复制图层、拷贝图层的区别。

1. 剪切图层、拷贝图层

将图层剪切到剪贴板中，右击图层，在选择"粘贴图层"命令时，可粘贴图层。

2. 复制图层

在当前时间轴直接生成图层副本，如图 5-13 所示。

3. 合并图层

选择多个图层后，选择"合并图层"命令，多个图层内容合并到一个图层，图层自动重命名为 MergedLayer，如图 5-14 所示。如果合并的多个图层中有动画效果，将自动转换为逐帧动画。

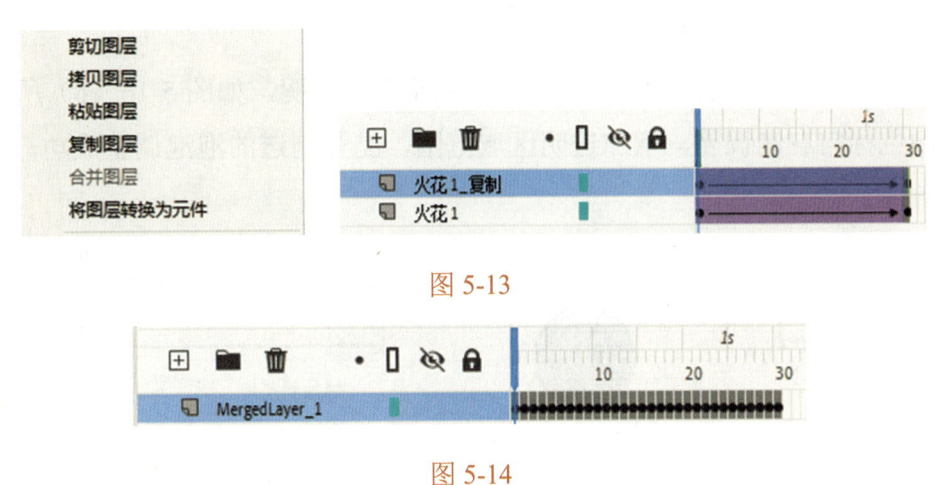

图 5-13

图 5-14

提示

如果右击对象是帧，则是关于复制帧、粘贴帧的命令，此处，谨记右击图层才会显示"粘贴图层"命令。

5.4　案例实现

5.4.1　泡泡运动

学习目标：掌握绘制透明泡泡的技巧，即"中心透明、外围不透明"的效果。

实现效果：泡泡自由向上浮动，如图 5-15 所示。

设计思路：使用径向渐变绘制透明泡泡，让泡泡按照设计好的路径运动。

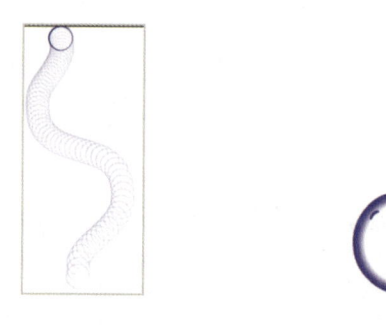

图 5-15

具体实现：

1. 绘制泡泡

① 新建图形元件"泡泡"。进入"泡泡"元件的编辑状态，将图层 1 重命名为"泡泡"。
- 绘制圆形，设置笔触颜色为无颜色，填充颜色为径向渐变，其中左、右两个色标的颜色都设置为蓝色，如图 5-16（a）所示。
- 将左侧色标的透明度值改为 0（A：0%），即完全透明，如图 5-16（b）所示。
- 将左侧色标向右侧调整，增加透明区域范围，晶莹剔透的泡泡调整成功，效果如图 5-16（c）所示。

（a）　　　　　　　　　　　　　　　　（b）

（c）

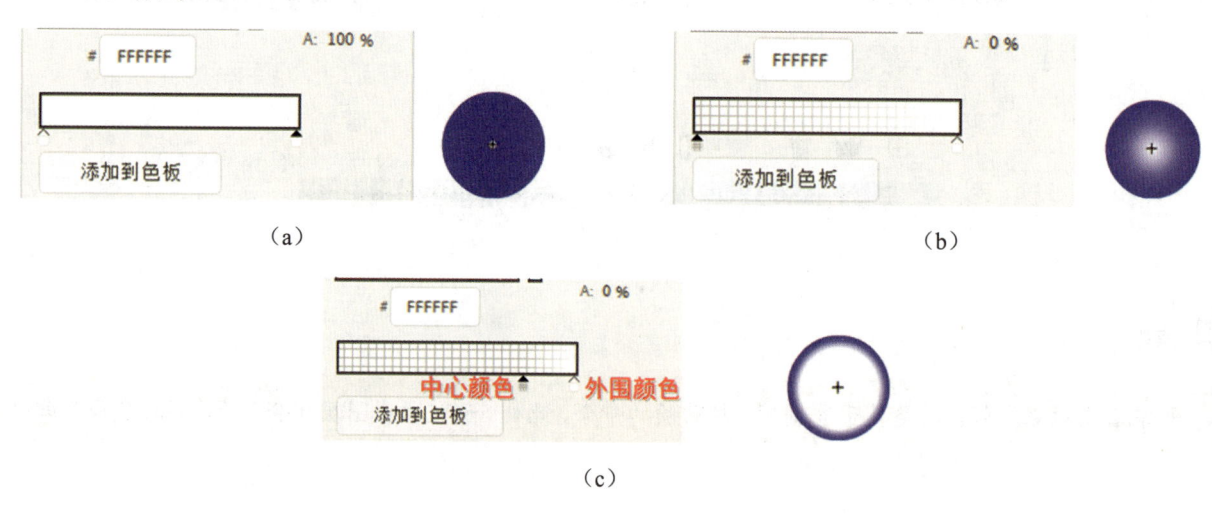

图 5-16

② 锁定"泡泡"图层，新建图层"高光"，在合适区域绘制两个椭圆：无笔触颜色、填充颜色为蓝色。使用选择工具，略微调整椭圆造型，泡泡的效果如图 5-15 中右侧图所示。

提示

白色高光也可用"刷子工具"涂抹获得。

2. 制作引导层动画

① 切换到场景 1，将图层重命名为"泡泡"。在舞台上生成"泡泡"实例，在第 60 帧处插入

关键帧，创建传统补间动画，并锁定图层。

② 右击"泡泡"图层，选择"添加传统运动引导层"命令，选择"铅笔工具"，调整到平滑模式 ，绘制一条向上的路径，并锁定图层。

③ 解锁"泡泡"图层，在起始帧将泡泡实例的中心点调整到路径的起点，在结束帧将泡泡实例的中心点调整到路径的终点，测试泡泡是否按路径运动。

④ 选择 1～60 帧中间的补间，在"属性"面板的"补间"项选择"调整到路径"复选框，使泡泡随路径调整自身角度，如图 5-17 所示。

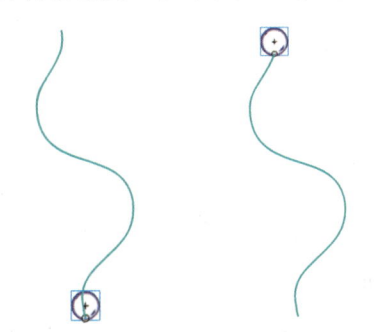

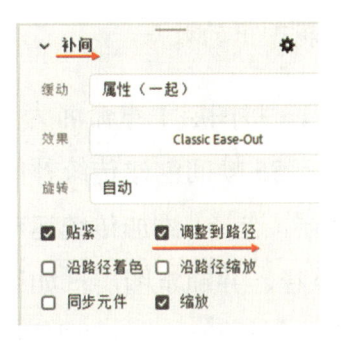

图 5-17

3. 测试并保存

测试动画，保存源文件，导出 swf 影片。

5.4.2 火花四溅

学习目标：绘制中心不透明、外围透明的火花；掌握引导层可以放置多条路径，引导层可以有多个被引导层的制作技巧。

实现效果：火花向四处飞溅，并消失，如图 5-18 所示。

设计思路：使用径向渐变绘制火花，然后让多个火花按照不同的路径运动。

图 5-18

具体实现：

1. 绘制火花

① 新建图形元件"火花"，进入"火花"元件的编辑状态。

② 设置笔触颜色为无颜色，填充颜色为径向渐变，设置 3 个颜色指针，颜色分别设置为白色、黄色（A：70%）、红色（A：3%），绘制圆形，颜色指针的位置调整如图 5-19 所示。

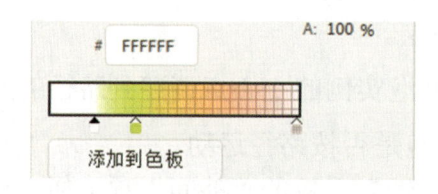

图 5-19

2. 制作一个火花飞出的效果

① 切换到场景 1，将图层 1 重命名为"火花 1"，在舞台上生成"火花"实例，在第 35 帧处插入关键帧，在第 1～35 帧间创建传统补间，锁定图层。

② 右击火花图层，选择"添加传统运动引导层"命令，选择"铅笔工具"，调整到平滑模式，绘制一条斜向下的路径，并锁定图层，如图 5-20 所示。

③ 解锁火花图层，将起始帧、结束帧的火花调整到路径上，并设置结束帧火花的 Alpha 值为 0%。实现火花随路径运动，并消失的效果。

3. 制作多个火花飞出的效果

① 在引导层上绘制 4 条路径，如图 5-21 所示。

图 5-20 图 5-21

② 选择"火花 1"图层，复制图层，将复制的图层重命名为"火花 2"，将"火花 2"绑定到第二条路径上。

③ 重复步骤②，将"火花 3""火花 4"分别绑定在第三条、第四条路径上，如图 5-22 所示。

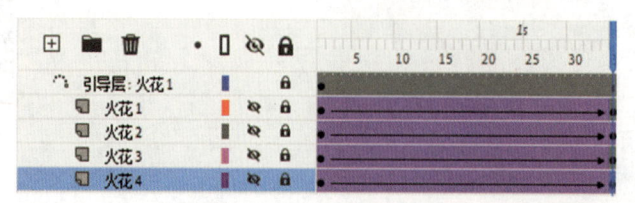

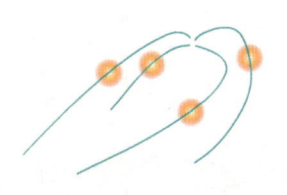

图 5-22

提示

一个引导层引导多个被引导层的方法高效、快捷，但要注意路径尽量不要交叉。

5.4.3 文字做路径——星光文字

学习目标：掌握当引导层路径比较复杂时动画的处理方式及绘制星星的多种方法。

实现效果：星星造型沿 3 个单词运动一周，停止播放，如图 5-23 所示。

设计思路：手绘字母路径，制作引导层动画。

Keep Fighting China

图 5-23

具体实现：

1. 绘制小星星

新建图形元件"星"，绘制星造型。

① 按【J】键激活"对象绘制"按钮，绘制矩形，设置笔触颜色为无颜色，填充颜色为线性渐变：紫色（A：0%）、紫色（A：100%）、紫色（A：0%），如图 5-24 所示。

② 打开"变形"面板，设置旋转角度为 45°，多次单击"重置选区和变形"按钮，获得星星造型，如图 5-25 所示。

③ 绘制紫色荧光，设置笔触颜色为无颜色，填充颜色为径向渐变：紫色（A：100%）、紫色（A：0%）。

④ 设置荧光、星与舞台中心对齐，如图 5-25 所示。

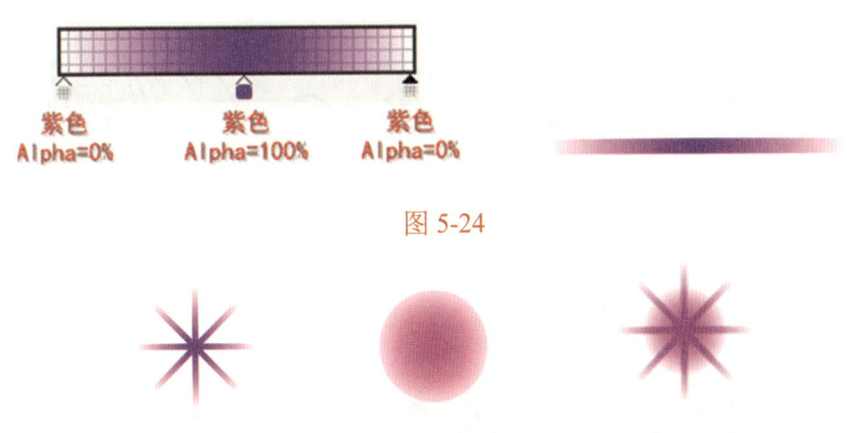

图 5-24

图 5-25

提示

也可选择"多角星形工具"绘制六角星，填充径向渐变：紫色（A：100%）、紫色（A：0%）。

2. 输入文本

① 切换到场景 1，将图层 1 重命名为"文字"。选择"文本工具"，设置字体，调整颜色、大小后，在舞台上输入文本：Keep Fighting China，并将它设置为与舞台中心对齐，锁定图层。

② 选择文本，在"属性"面板中添加"投影"滤镜，如图 5-26 所示。

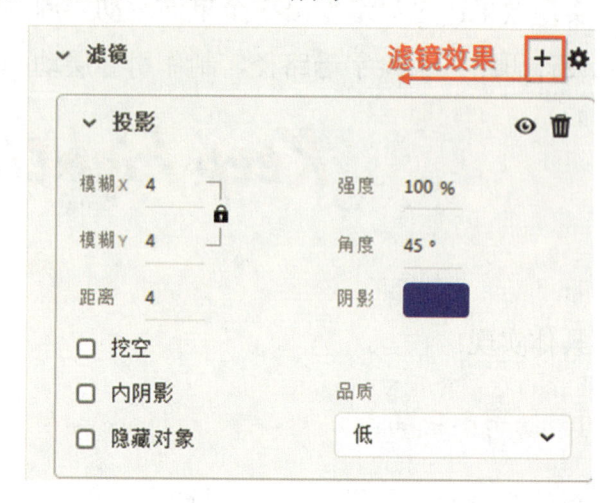

图 5-26

3. 创建传统补间动画

新建图层"星"，在舞台上生成星实例，在第 1～210 帧之间创建传统补间动画。

4. 绘制路径，调整星实例沿文字运动

为"星"图层添加传统运动引导层，按照希望"星"行走的路径绘制路径，如图 5-27 所示。可以看到 Keep Fighting China 的路径有 3 条，尽量避免交叉。

图 5-27

> **提示**
>
> 用鼠标绘制的路径，曲折处很多，可以多试几次。绘制完成后，选择路径，在工具栏单击两次"平滑"按钮，会提高成功率。

在"星"图层的第 1～15 帧，星实例沿字母 K 运动，第 16～25 帧沿字母 e 运动，第 26～200 帧沿字母 ep Fighting China 运动，如图 5-28 所示。

图 5-28

> **提示**
> - 当路径出现交叉时，Animate 会"聪明地"选择较短的路径，为了按计划路径正常运动，路径应避免交叉。
> - 当文字比较简单并且每个单词都相连时，文本可以直接作为路径使用。

5. 保存源文件，导出 swf 影片

保存源文件并导出 swf 影片。

6. 添加 stop( ) 语句，控制动画播放

新建图层 stop，在第 200 帧处插入空白关键帧，按【F9】键，打开"动作"面板，输入"stop( )"，当动画播放到最后一帧时，执行该语句，停止播放，如图 5-29 所示。

图 5-29

5.5 任务总结

1. 透视

透视一般用于绘制场景，也用于运动对象由远及近或由近及远的位置、大小变化，最大的特点就是近大远小。例如，一个愤怒的人从远处快速移动到我们眼前的动画效果，利用位置、大小、时间的变化可以很快得到该动画效果（见图 5-30）；两只蝴蝶从远处互相嬉戏，飞到我们眼前的动画效果（见图 5-31）；人走路由远及近、青蛙由远及近走过来的效果（见图 5-32），利用近大远小的透视规律，可以快速、清晰地表示出来。

图 5-30

图 5-31

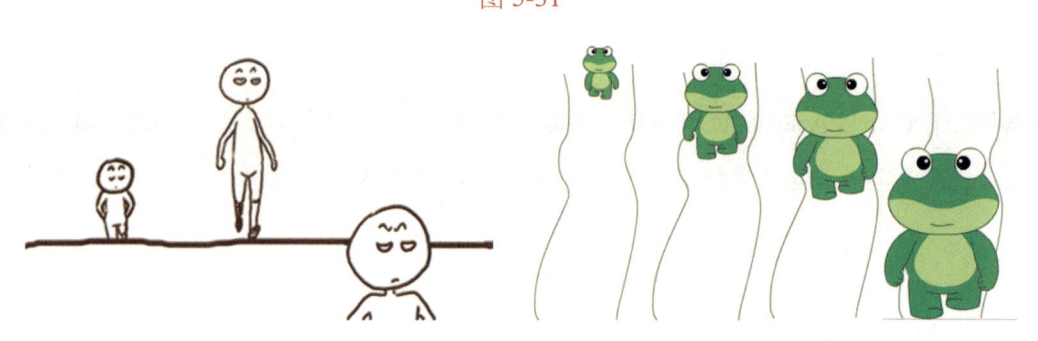

图 5-32

2. 滤镜

滤镜可以添加一些特殊效果，使对象立体化。Animate 通过"属性"面板添加以下几种滤镜：投影、模糊、发光、斜角、渐变发光、渐变斜角、调整颜色（见图 5-33）。在正常情况下，对象可以添加多种滤镜，配合补间动画制作出精美的效果。

Animate 能够添加滤镜的对象有 3 个：文本、按钮实例、影片剪辑实例。

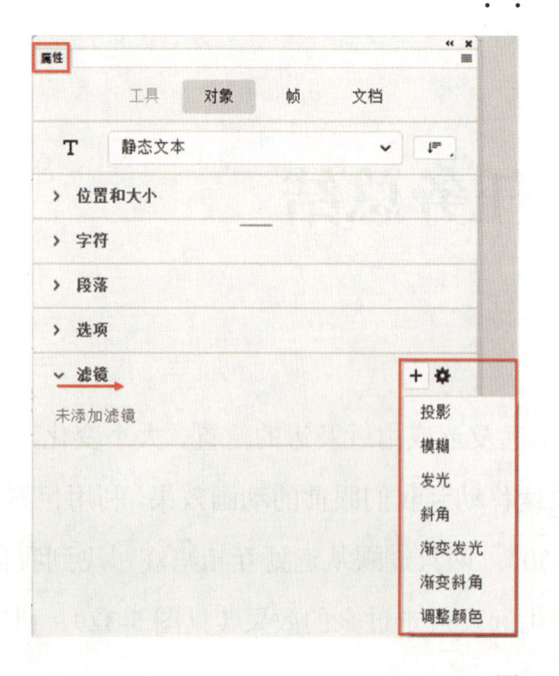

5-6 滤镜

图 5-33

122

5.6 提高创新

学习目标：掌握通过代码提示选择实现鼠标替换效果代码的方法。

效果实现：鼠标隐藏，同时影片剪辑元件坐标跟随鼠标移动，实现鼠标替换效果，如图 5-34 所示。

图 5-34

5-7 鼠标替换

具体实现：

1. 制作影片剪辑元件"特效"

提示

ActionScript 动作脚本不能控制图形元件实例，所以，此处替换鼠标的对象创建为影片剪辑元件。影片剪辑元件的内容可以是图形，可以是动画，可以根据自己的设计目的设计元件内容。

① 新建图形元件"弧形"。绘制弧形，设置颜色为径向渐变，红色（A：100%）、红色（A：0%），如图 5-35 所示。

图 5-35

② 新建影片剪辑元件"旋转"。生成"弧形"实例，设置该实例"发光"滤镜，模糊 30、蓝色（见图 5-36），制作顺时针旋转动画效果。

③ 新建影片剪辑元件"特效"，生成"旋转"元件实例，同时复制多个，调整其角度、色调，形成如图 5-37 所示效果。

图 5-36　　　　　　　　图 5-37

2. 为实例命名

切换到场景 1，生成"旋转"元件实例，在"属性"面板中为实例命名为 mc，如图 5-38 所示。

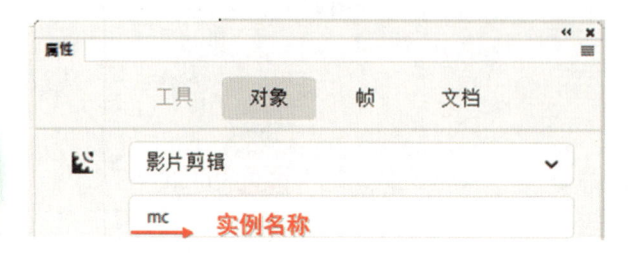

图 5-38

3. 选择动作脚本

选择实例，打开"动作"面板，单击"代码片断"按钮，选择"ActionScript"—"动作"—"自定义鼠标光标"命令（见图 5-39）。自动新建 Actions 图层，并在第 1 帧自动添加动作脚本，实现替换鼠标的效果。

图 5-39

```
/*  自定义鼠标光标
用指定的元件实例替换默认的鼠标光标。
*/
stage.addChild(mc);
mc.mouseEnabled = false;
mc.addEventListener(Event.ENTER_FRAME, fl_CustomMouseCursor);
function fl_CustomMouseCursor(event:Event)
```

```
{
    mc.x = stage.mouseX;
    mc.y = stage.mouseY;
}
Mouse.hide();
//要恢复默认鼠标指针，对下列行取消注释：
//mc.removeEventListener(Event.ENTER_FRAME, fl_CustomMouseCursor);
//stage.removeChild(mc);
//Mouse.show();
```

4. 测试动画，元件实例替换鼠标

任务 6

元件的嵌套使用

传统补间动画,能够快速创建简单的动画效果。当动画中出现对象多、图层多的情况时,按常规思路处理问题就会很麻烦。这时可以按照模块化的设计思想,把动画能分开的部分都分开,先一部分一部分进行制作,最后再整合成为一个整体。这是动画的设计思想,可以理解为元件嵌套叠加设计和模块化设计。

应用模块化的思想分析问题,使复杂问题简单化。这意味着可以开始尝试设计、制作小型的动画效果了。

6.1 任务分析

知识目标

掌握元件嵌套叠加和模块化设计的思想;
掌握元件嵌套在案例中的应用方法。

技能目标

能够制作雪花飞舞、烟花爆炸等动作重复类动画;
能够通过按钮控制动画的播放。

素质目标

培养学生自主学习的能力:对元件嵌套的灵活应用。

> 思政目标
>
> 培养学生立志为国、不负青春的气概和爱国主义精神。

6.2 难点剖析

1. 动画怎么分模块

将每个可以独立拿出来的动画部分，单独做成影片剪辑元件。但并不是要把整个动画都分成模块，只要把比较复杂（图层多、对象多）的部分用模块处理即可。

2. 分完了在哪里做，哪个对象有独立的编辑环境

元件有独立的编辑环境，所以在元件里做。

3. 做完了在哪里合成动画

在主场景中合成动画。
① 建立图层，找到合适的时间点插入空白关键帧，生成元件实例。
② 将实例延时，确保和元件里动画的制作时间保持一致。

4. 动画可以在元件里合成吗

元件可以嵌套使用，所以可以在元件里合成。如果动画复杂度比较高，可以在元件里合成；如果动画比较简单，在场景里合成即可。

6.3 相关知识

6.3.1 元件嵌套叠加

6-1 大雁飞

在制作动画时，很多时候需要实现动作的叠加（元件的嵌套使用），即一个做着自身固有动作的对象，同时又在做其他运动。例如，小蜜蜂扇动翅膀向前飞，冰墩墩从无处走过来，如图6-1所示。

这些叠加的动作效果在Animate中通过元件的叠加使用，将动作分解实现。
① 在影片剪辑元件里，制作对象自身的运动，比如，大雁展翅的动画效果。

② 生成"大雁展翅"实例，再制作大雁位置变化的动画效果。

③ 测试影片，实现大雁飞来飞去的叠加动作。

小蜜蜂扇动翅膀向前飞　　　冰墩墩从远处走过来

图 6-1

6.3.2 元件的类型及其区别

元件有图形元件、影片剪辑元件、按钮元件三种类型。

6-2　元件分类

1. 图形元件

- 图形元件一般用来放置静态图形。
- 图形元件的时间轴和场景的时间轴是同步的，在图形元件中制作动画片段，在舞台上生成元件实例，延时，直接拖动播放指针可以观察动画片段的效果。

> **注意**
>
> 图形元件实例延时多少帧，就播放多少帧内容。如果图形元件动画时长 20 帧，应用实例时，延时 10 帧，则只播放前 10 帧内容。

> **提示**
>
> 图形元件放置动画的做法，多用于电视动画或导出 GIF 图像的情况。

- 图形元件实例的"属性"面板有一些特殊的参数项：循环——可以设置图形元件动画的播放方式，如图 6-2 所示。

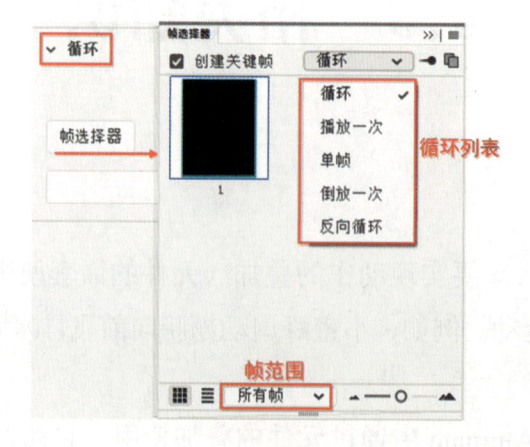

图 6-2

2. 影片剪辑元件

- 影片剪辑元件一般放置动画片段。
- 影片剪辑元件的时间轴是独立的，它的播放与主时间轴没有直接关系，只能在测试场景（按【Ctrl+Enter】键）或导出影片后才能看到动画片段的效果。
- 影片剪辑元件实例的"属性"面板有一些特殊的参数项：滤镜、混合模式等。滤镜可以为实例添加模糊、发光等效果，混合模式可以设置实例与底层对象的颜色混合，如图6-3所示。
- 影片剪辑元件实例支持动作脚本。

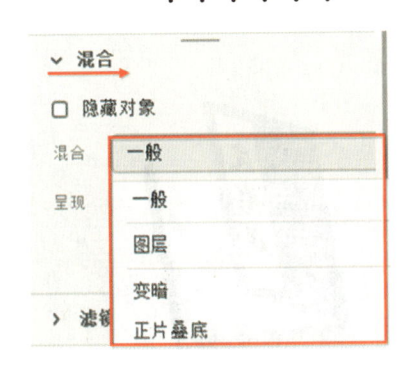

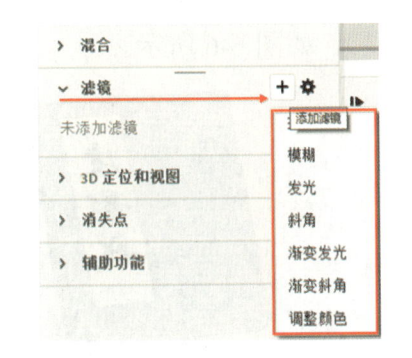

6-3 滤镜与混合模式应用

图 6-3

3. 按钮元件

- 按钮元件与影片剪辑元件一样，时间轴是独立的，当测试影片或导出影片时才能看到按钮效果。
- 按钮元件实例的"属性"面板有一些特殊的参数项：滤镜、混合模式等。
- 按钮元件只有4帧，如图6-4所示。

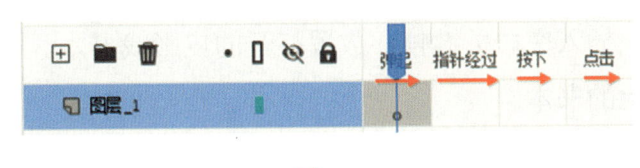

图 6-4

弹起：默认状态；指针经过：鼠标滑过时；按下：鼠标按下时；点击：感应区域，不可见。

- 按钮的四种状态可以放置图形、文本、实例（包括动画实例）、音频。

> **提示**
>
> 除了制作透明按钮或者扩大感应区域范围，第4帧一般不用。
> 在制作透明按钮使用第4帧时，前三帧不要放置内容。

- 按钮可以感知用户的鼠标状态，并触发相应事件。当光标放在按钮上时，会显示小手形状，如图 6-5 所示。

图 6-5

- 按钮元件实例支持动作脚本。

6.3.3 制作按钮

按钮通常根据动画情景设计。有的按钮有明显的文字提示（一般都会有文字提示，以说明按钮的作用），有的按钮隐藏在元素中等待鼠标触发（按钮和主题融为一体，起到衬托、点缀的作用，一般非常明显），如图 6-6 所示。

图 6-6

6-4 按钮

1. 静态按钮

静态按钮，指在触发按钮事件时，按钮因为关键帧内容改变发生的状态变化。在图 6-6 所示按钮中，皮影戏书本被设计成按钮，当光标放在按钮上时，皮影戏书本打开，按下时又合上。

设计思路：

① 创建按钮元件，弹起帧放置合上的书本。

② 当指针经过帧时，插入空白关键帧，放置打开的皮影戏书本。

③ 按下帧，放置合上的书本。

2. 动态按钮

动态按钮，指为按钮设计了动态效果，在触发按钮事件时播放动态效果，提高了按钮的观赏性。

设计思路：

① 将动态效果单独制作成影片剪辑元件。

② 按钮元件，新建图层。在按钮的相关状态插入空白关键帧，生成动画元件实例。

元件的嵌套使用　任务6

> 提示
>
> 因为影片剪辑元件的时间轴是独立的,并且按钮的每个状态都需要用鼠标触发,所以这里的动态效果用影片剪辑元件实现是非常好的选择。

按钮弹起状态的外观设计主题为蓝色矩形、白色箭头、边缘为灰黑色渐变色,在按钮中间偏下位置显示了一个半透明的椭圆。当指针经过或按下鼠标时,矩形外围发光,同时,半透明的椭圆左右晃动,如图 6-7 所示。

图 6-7

设计思路:

① 按钮元件,分图层绘制矩形、箭头,如图 6-8 所示。

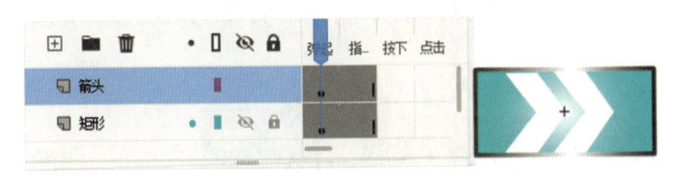

图 6-8

② 创建影片剪辑元件"椭圆晃动",制作椭圆左右晃动的效果,如图 6-9 所示。

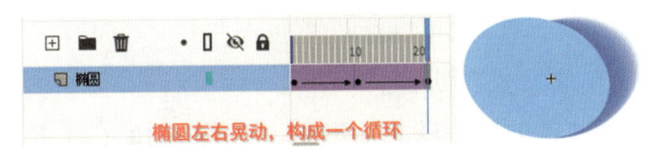

图 6-9

从图 6-10 中可以看到矩形小、椭圆太大。而这里只需要椭圆和蓝色矩形重叠的一部分,可以先使用任务 7 的遮罩技术来实现。

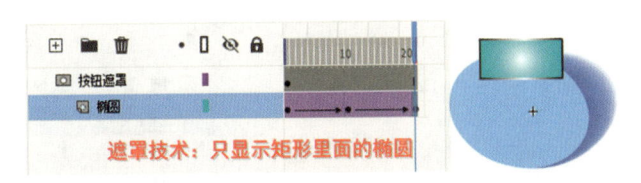

图 6-10

③ 按钮元件,新建图层"椭圆",生成椭圆晃动元件实例,如图 6-11 所示。

④ 该按钮现在没有添加任何文本提示,可以作为按钮素材保存。当需要制作播放、重播、停止、暂停等按钮时,可以在直接复制按钮元件后,在按钮元件中新建图层,输入文本,如图 6-12 所示。

131

图 6-11

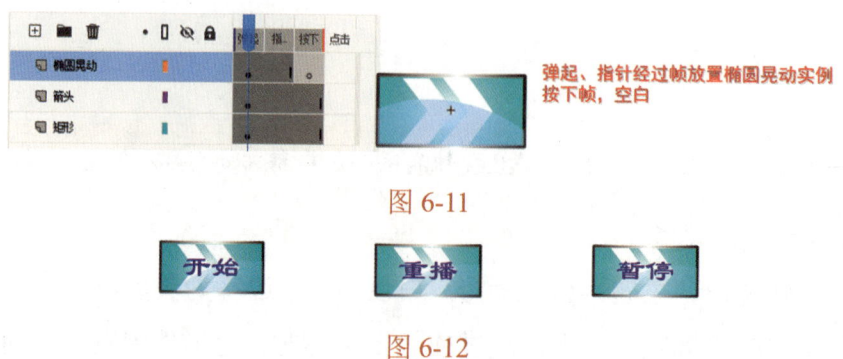

图 6-12

> **提示**
>
> 该案例综合性强，属于思路引导型案例。在制作时，按照自己的理解和需求制作即可。

3. 透明按钮

透明按钮，即只设置感应区域，测试时看不到能被鼠标捕捉到的按钮，如图 6-13 所示。透明按钮在舞台上以半透明的蓝色显示，在测试影片时，什么也看不到，但是光标放置在透明按钮存在的位置上时会显示小手形状。如果对该按钮添加动作脚本，触发按钮时会执行动作脚本。

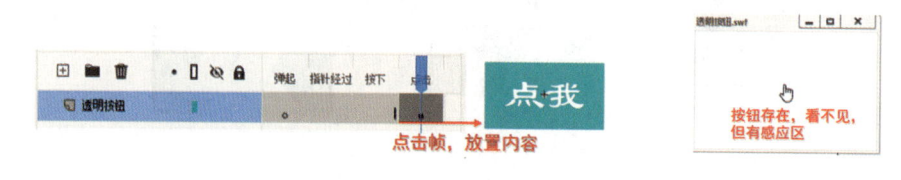

图 6-13

4. 带音效的按钮

按钮音效一般比较短，获取方式有两种。

① 从"资源"面板的"声音剪辑"选项中获取，如图 6-14（a）所示。

② 从网上直接搜索"Animate 按钮音效素材"，下载后导入"库"面板。

音效获取后，在按钮元件新建图层，找到添加声音的对应状态，插入空白关键帧，将声音拖到舞台即可。音效在时间轴上显示为音波线，如图 6-14（b）所示。

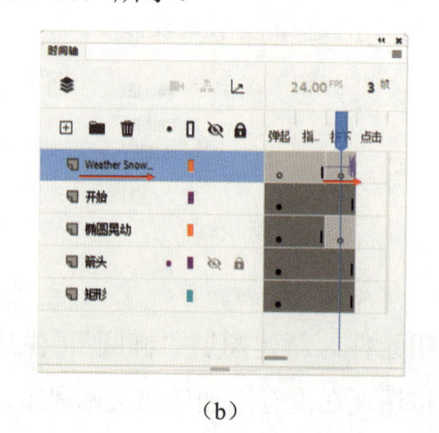

（a）　　　　　　　　　　　　　　　（b）

图 6-14

6.4 案例实现

6.4.1 基础嵌套

1. 雪花飞舞

学习目标：元件的叠加、重复使用。

实现效果：漫天雪花飞舞。

设计思路：雪花飘动的动作相同，雪花大小不同、透明度不同，雪花飘动的方向相反，雪花出现的时间不同。所以可以判断这是对一片雪花飘落效果的重复使用。

将一片雪花飘落的效果制作成影片剪辑元件，再新建影片剪辑元件，生成一片雪花飘落的实例，复制多个实例，调整实例的大小、角度、位置、透明度、时间等参数，实现漫天雪花飞舞的效果，如图 6-15 所示。

6-5 雪花飞舞

图 6-15

具体实现：

（1）新建图形元件"雪花"

可以绘制或从网络下载素材使用。本案例使用从网络下载的雪花矢量素材，造型美观。

雪花素材背景抠除的两种方法：

- Photoshop 软件中抠取雪花，保存为 PNG 格式（透明背景），导入 PNG 格式的雪花文件，按【F8】键将其转换为图形元件。
- 导入 Animate 中，选择菜单命令"修改"—"位图"—"将位图转换为矢量图"，选中白色背景，按【Delete】键删除，得到雪花造型。按【F8】键将其转换为图形元件，如图 6-16 所示。

（2）新建影片剪辑元件"雪花飘"

进入元件的编辑环境，生成雪花实例，创建传统运动补间（90 帧）。右击雪花图层，选择"添加传统运动引导层"命令，绘制路径，在"属性"面板中设置雪花随路径调整自身效果，如图 6-17 所示。

图 6-16　　　　　　　　　　　　　　　　图 6-17

（3）新建影片剪辑元件"多个雪花飘"

① 进入元件的编辑环境，生成雪花飘实例，复制多个实例，调整实例的大小、角度、位置、透明度并水平翻转。现在的雪花很多，播放时显示的是一群大大小小、方向各异的雪花，但是它们是一起落下的，没有时间差，如图 6-18 所示。

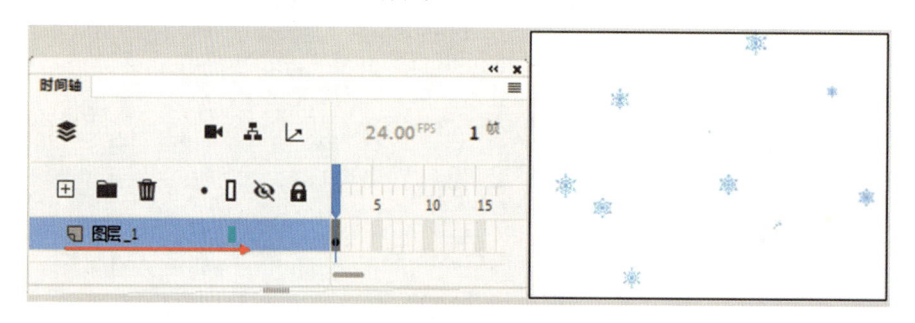

图 6-18

② 选择图层的第 90 帧，按【F5】键延时，保证每片雪花都能够播放完整；同时选择所有的雪花飘落实例并右击，在弹出的快捷菜单中选择"分散到图层"命令，如图 6-19 所示。

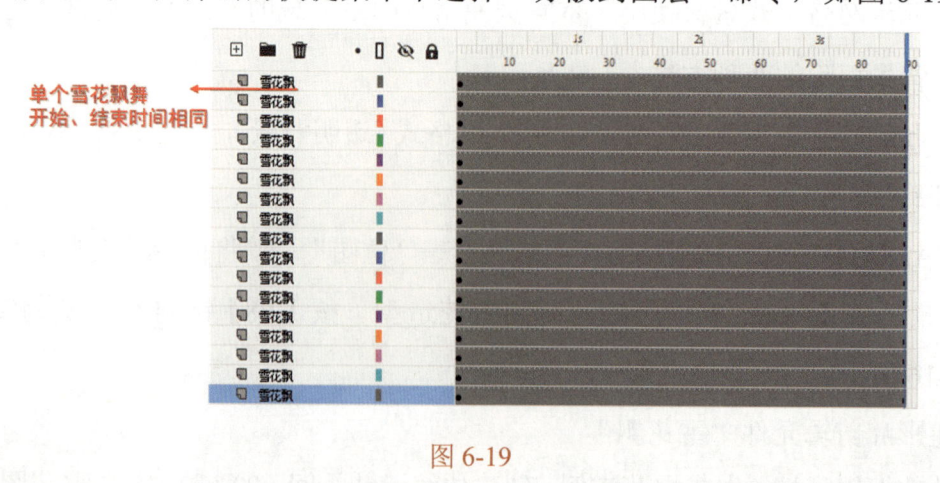

单个雪花飘舞
开始、结束时间相同

图 6-19

③ 选择雪花飘图层（即选择该图层的所有帧），拖动鼠标，向后移动该图层所有帧，设置雪花出现的不同时间，整体效果如图 6-20 所示。

元件的嵌套使用 **任务 6**

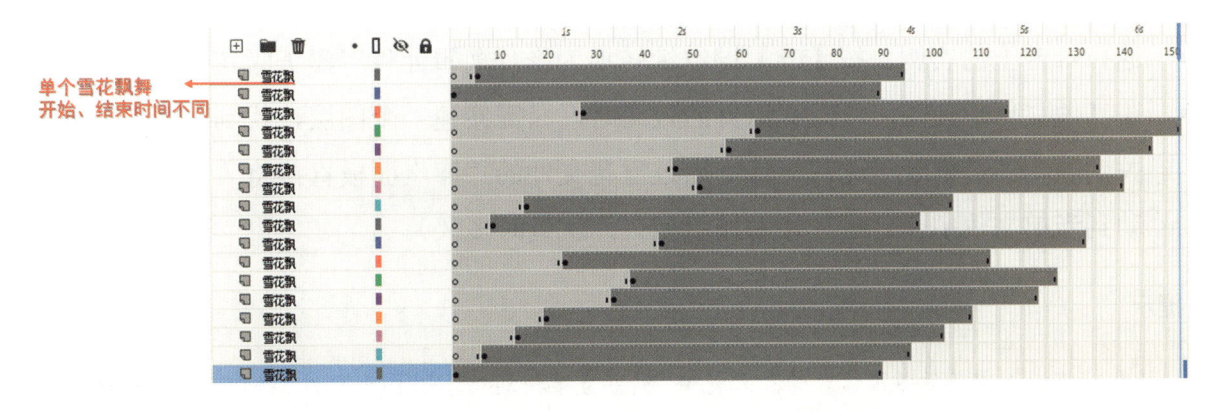

单个雪花飘舞
开始、结束时间不同

图 6-20

🎬 **提示**

实例只显示元件第 1 帧的内容。图 6-20 中，调整时间后，第 1 帧只有两个雪花，所以"多个雪花飘"实例在没有测试时只显示第 1 帧的两个雪花。

（4）生成实例

切换到场景 1，在舞台上生成"多个雪花飘"实例（见图 6-21）。测试影片看到雪花飘舞的效果，如果感觉雪花的整体位置偏下，则可以将"多个雪花飘"实例向上移动。

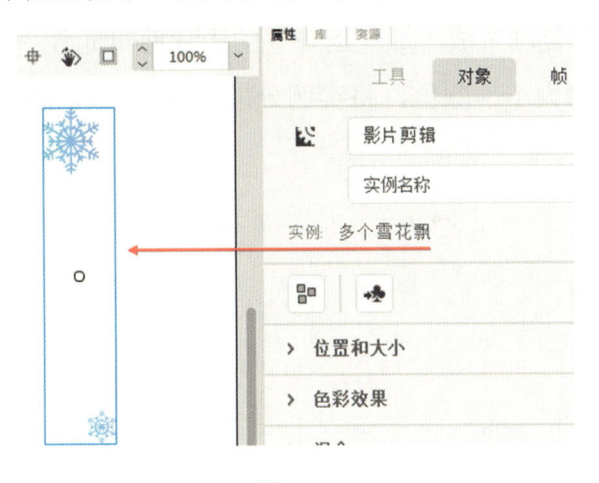

图 6-21

🎬 **提示**

怎样判断雪花的位置关系？

比较直观的方法是在舞台上双击"多个雪花飘"实例，进入元件的编辑环境，此时，既可以看到舞台，又可以观察雪花掉落的位置。确定雪花的位置之后切换到场景 1，再对"多个雪花飘"实例位置做调整。

- 如果感觉雪花的数量有些少，则可以继续生成"多个雪花飘"实例，最后能够继续调整实例的大小并水平翻转，使形成的"雪花飘"效果自然、丰富。

拓展：

如果对漫天雪花飘舞的效果比较满意，希望在今后动画制作的某个情节中使用这个效果。

135

- 选择舞台上的实例，按【F8】键继续转换为影片剪辑元件"漫天雪花"。
- 在其他文件中使用漫天雪花飘舞的效果时，只需新建一个图层，找到时间点，插入空白关键帧，然后打开雪花源文件，通过雪花文件的"库"面板直接将"漫天雪花"元件拖动到当前文件中，延时（计划显示多久，就延时多久）。

> **提示**
>
> 如果希望将漫天雪花的效果修改为漫天花瓣，则可直接找到"雪花"图形元件，将雪花以花瓣替换即可。

2. 烟花

学习目标：动作的叠加使用。

实现效果：不同颜色、不同大小的烟花随机出现在天空中，爆炸、消失。

设计思路：每个烟花爆炸的动作一样，只是大小、颜色、爆炸的先后顺序不同，所以可以判断这是对烟花爆炸效果的重复运用，即需要制作一个烟花爆炸的元件。

6-6 烟花

从烟花爆炸效果可以判断这是椭圆的淡出效果，先制作一个"椭圆淡出"的影片剪辑元件；再将"椭圆淡出"实例变形复制生成"烟花爆炸"的影片剪辑元件；最后，生成很多个"烟花爆炸"实例，延时，调整实例大小、颜色，将实例分散到图层，调整时间即可，如图6-22所示。

图 6-22

具体实现：

（1）制作椭圆升空的效果

① 新建影片剪辑元件"椭圆淡出"。进入元件编辑环境，绘制无笔触颜色、填充颜色为红色的椭圆，按【F8】键将椭圆转化为图形元件"椭圆"，设置水平居中、垂直居中。

> **提示**
>
> 在动画的制作过程中，一定要考虑绘制的图形是否需要创建传统补间动画，如果需要，先判断该图形是不是实例。如果不是，按【F8】键转换为元件。
>
> 该步骤中，没有先将椭圆图形创建为图形元件，但该图形要做传统补间动画，所以将其转换为元件，这也是动画制作中常用的操作。

② 在第 20 帧处插入关键帧，向上移动椭圆的位置，并设置椭圆实例的 Alpha 值为 0%，如图 6-23 所示。

（2）制作烟花爆炸的效果

新建影片剪辑元件"烟花爆炸"。进入元件编辑环境，生成"椭圆淡出"实例，使用任意变形工具，将中心点移到"椭圆淡出"实例的正下方（此处是关键，可控制烟花爆炸的方向）。在"变形"面板中设置旋转角度为 20°，多次单击"重制选区并变形"按钮，得到烟花造型，如图 6-24 所示。

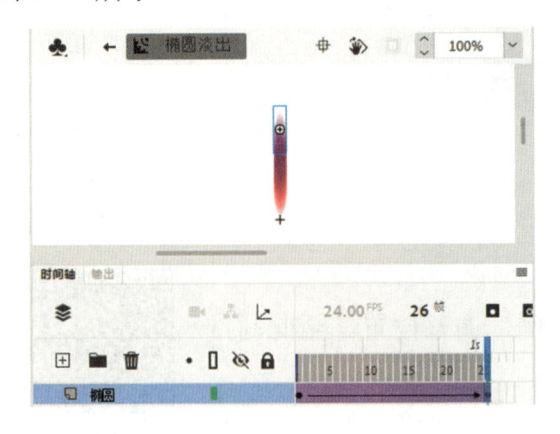

图 6-23

图 6-24

切换到场景 1，在舞台上生成烟花爆炸实例，测试影片，可看到烟花爆炸效果。

思考

图 6-25 中烟花爆炸的范围太大了，应该修改哪个元件才能将烟花爆炸的范围缩小呢？

图 6-25

提示

目前，对元件的嵌套使用比较熟练了，此时可以根据自己对动画效果的理解，灵活地编辑元件（无论是造型还是节奏），以达到自己的需求。例如，改变椭圆造型、爆炸范围再扩大一些、爆炸时间再延长些等。

（3）制作多个烟花爆炸的效果

新建影片剪辑元件"多个烟花爆炸"。进入元件编辑环境，生成"烟花爆炸"实例，延时。复制多个"烟花爆炸"实例，调整其大小、色调后，分散到图层，调整烟花爆炸出现的时间，其效果及时间轴如图 6-26 所示。

图 6-26

（4）生成实例

切换到场景 1，在舞台上生成多个"烟花爆炸"实例，调整位置。至此制作完成。

拓展：

图 6-27 所示为烟花爆炸效果，图 6-27（a）为直接爆炸的效果，图 6-27（b）为烟花升空以后再爆炸的效果。可以尝试制作，也可以查看提供的视频或源文件，自学制作。

6-7 烟花爆炸拓展

（a）　　　　　　　　　（b）

图 6-27

3. 闪动七星

学习目标：动作的嵌套叠加使用。

实现效果：星星甩着尾巴沿弧线飞舞、消失，如图 6-28 所示。

设计思路：基础元件是"一个星星的淡出"；之后，按照 72°复制"一个星星的淡出"实例 5 次，实现 5 个星星向四周淡出的效果；再将向四周淡出的星星实例复制多个并排成一个弧线造型，设置显示时间，形成逐个显示的效果；最后，将排成弧线造型的实例再复制多个，摆造型、设置时间，形成最终效果。动作共计叠加了 3 次，元件的嵌套使用练习得非常到位。

6-8 闪动七星

任务6 元件的嵌套使用

图 6-28

具体实现：

① 新建图形元件"五角星"，绘制白色的五角星。

② 新建影片剪辑元件"五角星淡出"，制作五角星淡出的效果，如图 6-29 所示。

③ 新建影片剪辑元件"五个星星淡出"，在舞台上生成"五角星淡出"实例，然后将中心点调整到实例中间，并按照 72°复制 5 个实例，如图 6-30 所示。

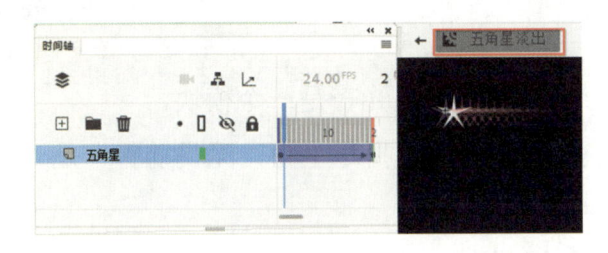

图 6-29 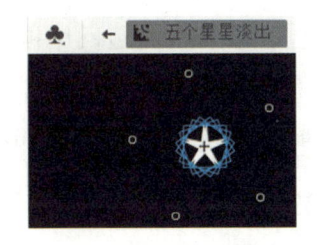   图 6-30

④ 新建影片剪辑元件"弧线排列"，在舞台上生成"五个星星淡出"实例，延时到第 20 帧。复制多个实例，使实例按照弧线的形式排列，如图 6-31 所示。

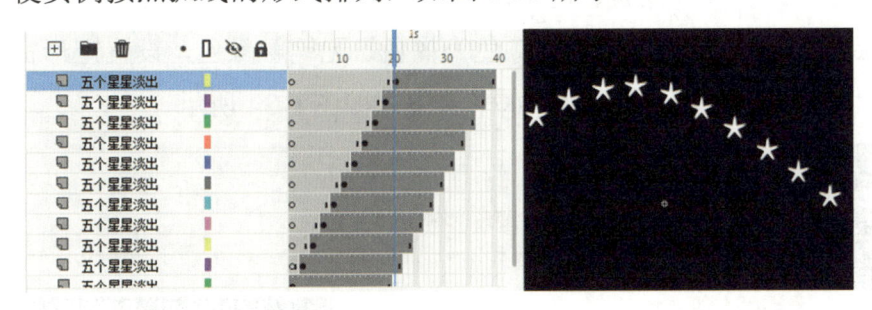

图 6-31

⑤ 切换到场景 1，在舞台上生成"弧线排列"实例，延时到第 40 帧。复制多个实例，调整其位置、色调、大小，并分散到图层中，调整每个图层的出现时间，如图 6-32 所示。

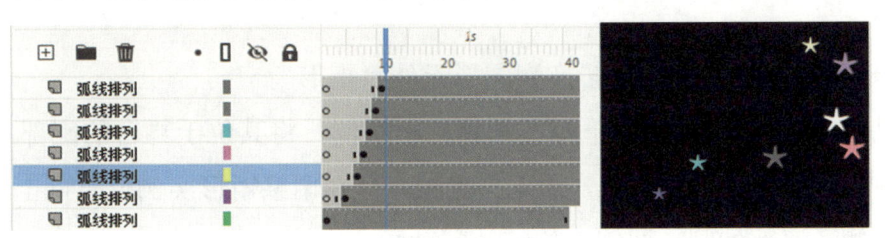

图 6-32

6.4.2 青春寄语

图 6-33

学习目标：模块化的设计思想及元件的嵌套使用。

实现效果：黑色矩形从中间向两边展开，星星图标从舞台上方掉落，中间出现一个黄色矩形条，显示文字"愿你以梦为马，不负韶华"，星光从每个文字上闪过，星光闪动的同时向四周掉落；文字"愿你拼尽全力，无畏前行"，最后黑色矩形又从两边向中间展开。

6-9　青春寄语

设计思路：分模块解决问题。星星签名是一个模块，星星光芒是一个模块，文字"愿你以梦为马，不负韶华"是一个模块，文字"愿你拼尽全力，无畏前行"是一个模块，如图 6-33 所示。

具体实现：

1. 开幕动画——矩形展开

① 设置舞台参数：宽 550 像素、高 400 像素，帧频 24fps，舞台颜色为天蓝色。

② 新建图层"上幕"，绘制矩形填充颜色为黑色、无笔触颜色，设置矩形宽为 550 像素，高为 200 像素，并将矩形置于舞台的顶部、水平居中，如图 6-34 所示。

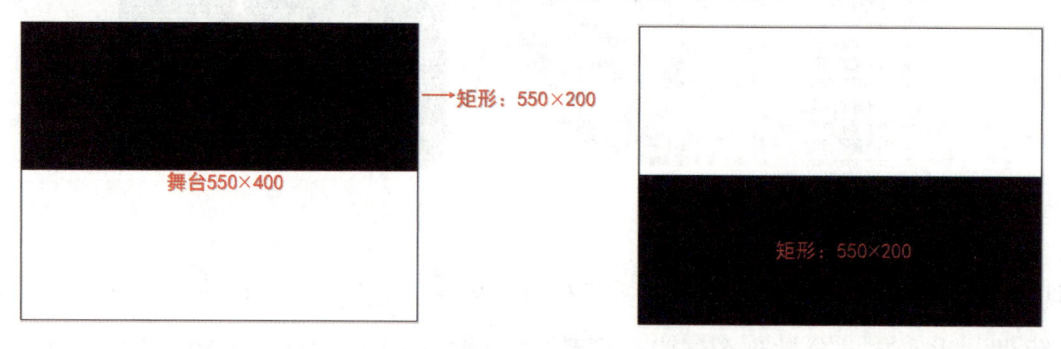

图 6-34

③ 选择矩形，按【F8】键将其转换为图形元件"矩形"。

④ 复制图层，修改图层名称为下幕，调整矩形实例，将其位于舞台的底部。

⑤ 选择上幕、下幕图层第 20 帧，插入关键帧，分别调整矩形实例位置向上、向下，使其位于舞台的顶部外侧、底部外侧，并创建传统补间动画，实现开幕效果。

2. 模块——动画星芒

模块内部实现效果：星星淡出、星芒四散掉落。

① 新建图形元件"星"。多角星形工具绘制。

② 新建图形元件"火花"。绘制颜色为径向渐变（纯色透明度100%—纯色透明度0%）的圆形。

③ 新建影片剪辑元件"星芒"。新建5个图层，制作星星淡出、星芒四散掉落的效果，如图6-35所示。

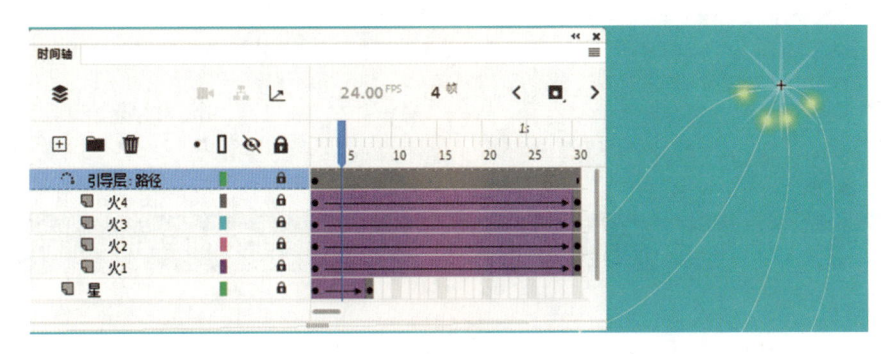

图 6-35

3. 模块——动画"愿你以梦为马，不负韶华"

模块内部实现效果：矩形淡入、文本位置移动、星星淡出，如图6-33所示。

① 新建图形元件"黄色矩形"。绘制宽550像素、高100像素的黄色矩形。

② 新建图形元件：文字为"愿你以梦为马，不负韶华"。输入文字，隶书，45号。

③ 新建影片剪辑元件：动画"愿你以梦为马，不负韶华"。

- 将图层1重命名为"小矩形"。在第1~10帧制作黄色矩形的淡入效果。
- 新建图层"文字"。生成文字实例，使其位于矩形中央。在第10~20帧制作文字由矩形右侧移动至矩形中间的动画效果。
- 新建图层"星芒1"。在第21帧处插入空白关键帧，生成"星芒"实例，并向后延时30帧，同时将实例放置在"愿"字的上方。
- 复制"星芒1"图层，重命名图层为"星芒2"，将实例放置在"你"字的上方。
- 继续该操作，直到10个文字上方都放置好实例为止，如图6-36所示。
- 在小矩形的第142~152帧处制作黄色矩形淡出的效果。

> **提示**
>
> 从第21帧到第50帧，是30帧。
>
> 50-21+1（第21帧本身）=30。星芒元件的制作时间也是30帧。

④ 切换到场景1，将"文字1"图层向后延时152帧，场景1时间轴如图6-37所示。

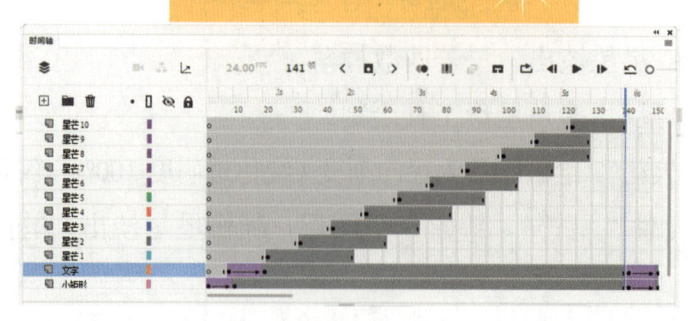

图 6-36

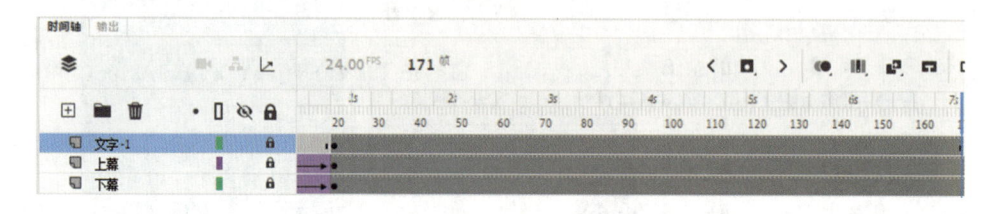

图 6-37

> **提示**
>
> 从第 20 帧到第 171 帧，是 152 帧。
>
> 171-20+1（第 20 帧本身）=152。

4. 模块——动画"愿你拼尽全力，无畏前行"

① 在"库"面板右击元件，选择直接复制命令（见图 6-38），将复制后的元件名称改为文字"愿你拼尽全力，无畏前行"，进入元件内部，将文字修改为"愿你拼尽全力，无畏前行"。

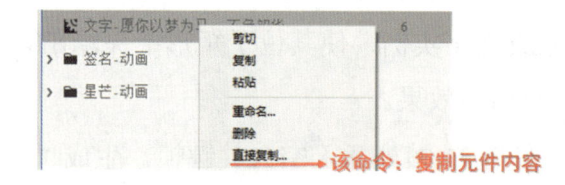

图 6-38

② 直接复制影片剪辑元件：动画"愿你以梦为马，不负韶华"。进入元件编辑环境，选择文字"愿你以梦为马，不负韶华"实例，在属性面板单击交换元件按钮，选择文字"愿你以梦为马，不负韶华"。

③ 切换到场景 1，新建图层"文字-2"。在第 172 帧处插入空白关键帧，生成动画"愿你拼尽全力，无畏前行"实例，向后延时 152 帧。

> **提示**
>
> 当元件内容相似度高时，使用复制元件、交换元件命令可以提高工作效率。

5. 模块——动画签名

模块内部实现效果：4个星星左右晃动，如图6-39所示。

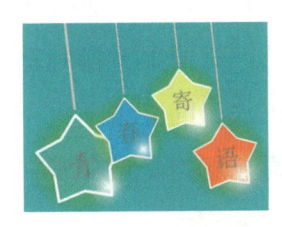

图6-39

① 新建图形元件"星星-青"。进入元件编辑状态，选择多角星形工具，按【J】键开启对象绘制模式，绘制笔触白色、填充橙色的五角星；新建图层，绘制白色大荧光、小荧光、线条、四角小星星。最终造型如图6-39所示。

② 在库面板中，直接复制元件"星星-青"，将元件名称改为"星星-春"，进入元件内部，修改文本为"春"，五角星颜色为浅黄色。重复该操作，完成"星星-寄""星星-语"元件的制作。

③ 新建影片剪辑元件"星动-青春寄语"。在第1~30帧中制作星星左（-15°）—右（15°）—左（-15°）摆动的效果，构成循环运动。

④ 切换到场景1，新建图层"签名"。在第1帧生成"星动-青春寄语"实例，将其放于舞台右上角，在第1~10帧中制作实例从舞台外上方淡入舞台右上角的动画效果，将该图层延时到动画的最后一帧。

6. 闭幕动画——矩形合拢

在"上幕""下幕"图层的最后分别插入关键帧，制作黑幕从舞台外侧进入舞台的效果。

7. 整理"库"面板

当前动画元素比较多，注意创建文件夹，分类管理库元件，如图6-40所示。

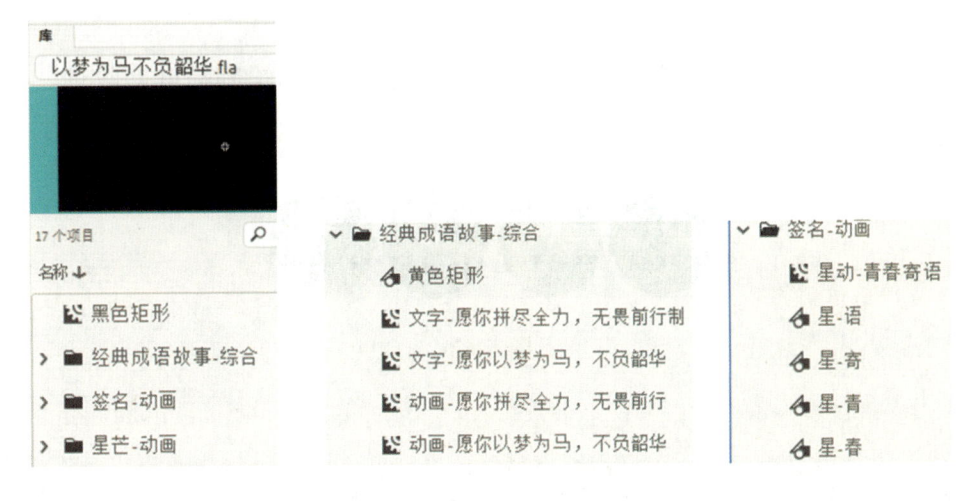

图6-40

6.4.3 小池

学习目标：模块化的设计思想及元件的嵌套使用。

实现效果：画轴展开，荷塘上方柳叶飘动、露珠晶莹剔透闪闪发亮，荷塘里蝌蚪成群游动，荷叶在水流的冲击下上下浮动，此时两朵荷花绽放，吸引蜻蜓飞来驻足休息，最后显示杨万里的经典古诗《小池》，如图 6-41 所示。

6-10　小池

图 6-41

设计思路：把动画分成 8 个模块——荷叶、荷花、荷花开、柳条飘、蜻蜓飞、蝌蚪甩尾巴、蝌蚪游、古诗。

将 8 个模块分别做好，在场景 1 中制作画轴，画轴展开后，合成动画。

所需影片剪辑元件：荷叶动、荷花、荷花开、柳条飘、蜻蜓飞、蝌蚪游、诗文。

所需图形元件：荷叶、荷花、柳条、蜻蜓左翅膀、蜻蜓右翅膀、古诗、画轴、画纸。

具体实现：

1. 设置舞台参数

设置舞台宽 550 像素，高 300 像素，帧频为 24fps。

2. 影片剪辑元件"荷叶动"

新建图形元件"荷叶"。按【J】键开启绘制对象模式，分别绘制荷叶、纹理、露珠、阴影四部分，如图 6-42 所示。

图 6-42

提示

荷叶先绘制圆形，再使用选择工具添加节点（配合【Ctrl】键）的方式，创建出造型。

3. 影片剪辑元件"柳条飘"

"柳条飘"是典型的弧形运动。模块内部实现效果：柳条缓缓地左右摆动。

① 新建图形元件"柳条"。按【J】键开启绘制对象模式，分别绘制柳条、柳叶，如图6-43所示。

> **提示**
>
> 如果希望柳条更符合现实，则应注意柳条和树干接触处粗一点儿、末端细一点儿，柳条末端的柳叶要小一点儿、颜色浅一点儿。

② 新建影片剪辑元件"柳条飘"。按【Q】键选择"任意变形"工具，将柳条的中心点调整到柳条最上面，在"变形"面板调整柳条角度为0°，在第10帧、第30帧、第40帧处分别插入关键帧，调整第10帧的角度为1.2°，调整第30帧的角度为-1.2°，创建传统运动补间，如图6-44所示。

图 6-43 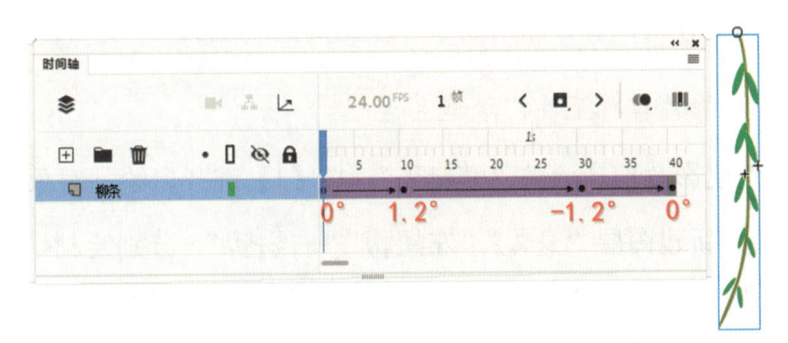　　　　　　　　　　图 6-44

> **提示**
>
> 此处可以制作两个元件"柳条飘-快"和"柳条飘-慢"。柳条飘的速度不同，生成实例的层次感就会不同，视觉比较丰富。蝌蚪尾巴的摆动是波形运动，涉及运动规律，需要逐帧动画绘制尾巴的运动效果。
>
> 制作蝌蚪边甩动尾巴边向前游动的动画（动作叠加），需要以下两步来完成：
>
> 第一步，制作蝌蚪甩动尾巴的元件（因为涉及运动规律，所以通常用逐帧动画的方式一帧一帧地绘制蝌蚪尾巴游动的每个状态）。
>
> 第二步，使用蝌蚪甩动尾巴的元件实例来制作游了一段距离的动画。

4. 影片剪辑元件"蝌蚪甩尾巴"

新建影片剪辑元件"蝌蚪甩尾巴"。

① 按【J】键开启绘制对象模式，新建图层"头部""尾巴"。

② 图层"头部"，绘制椭圆。

③ 图层"尾巴"，绘制蝌蚪甩尾巴的动画效果。

选择"画笔"工具，切换到平滑模式，绘制蝌蚪尾巴的第一个状态，在第 3 帧处插入空白关键帧，开启"绘图纸外观"按钮，参考第 1 帧蝌蚪尾巴的状态，绘制尾巴的第二个状态……构成尾巴甩动的循环运动，如图 6-45 所示。

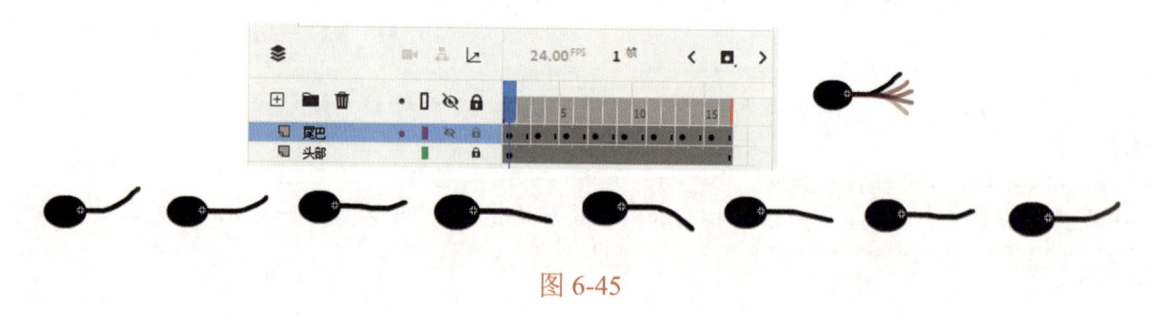

图 6-45

5. 影片剪辑元件"蝌蚪游"

新建影片剪辑元件"蝌蚪游"。

生成"蝌蚪甩尾巴"元件实例，在第 105 帧处插入关键帧，调整蝌蚪的位置（尽量远一些），创建传统补间，制作蝌蚪游了一段距离的动画。

6. 影片剪辑元件"蜻蜓飞"

新建影片剪辑元件"蜻蜓飞"。按【J】键开启绘制对象模式绘图。

① 新建图层"身体""左翅膀""右翅膀"。分别绘制蜻蜓的身体、两只翅膀。

② 选择左翅膀，按【F8】键将其转换为"左翅膀"图形元件。

③ 选择右翅膀，按【F8】键将其转换为"右翅膀"图形元件。

④ 将翅膀的中心点调整到翅膀与身体的交接处，创建 3 个关键帧，分别在"变形"面板设置角度为 0°、5.8°、0°，最后创建传统补间动画。扇动翅膀的效果及时间轴，如图 6-46 所示。

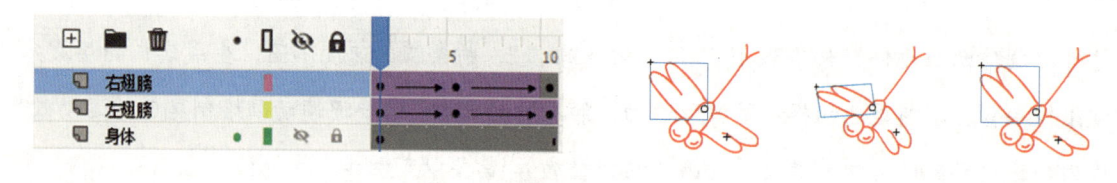

图 6-46

7. 图形元件"荷花"

荷花后期要制作绽放的动画效果，所以有完整的四朵花瓣元件和一根荷花茎绘制对象组成，如图 6-47 所示。

8. 影片剪辑元件"荷花开"

实现效果：荷花静止，随着时间的推移，慢慢绽放，然后停止（最后一帧添加时间轴停止播放 stop( )语句），如图 6-48 所示。

图 6-47

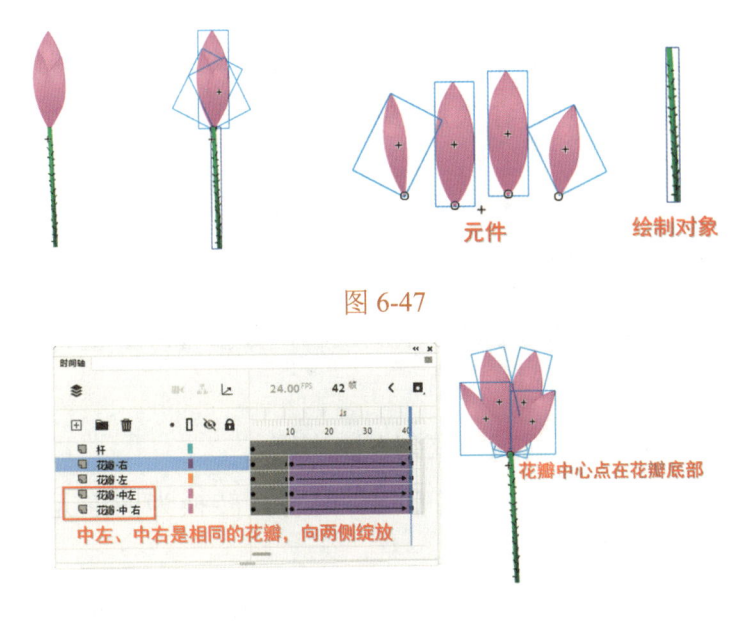

图 6-48

9. 影片剪辑元件"古诗"

> **提示**
>
> 制作古诗诗句逐渐显示的动画效果。此处使用任务 7 的遮罩技术实现。

新建影片剪辑元件"古诗"。

① 选择"文本"工具,输入古诗;或搜集古诗的素材,先在 Photoshop 软件中处理,再导入 Animate 中使用。效果如图 6-49 所示。

② 新建图层"椭圆"。绘制能够把古诗完全遮盖的椭圆,转换为"椭圆"元件。在第 1 帧,将椭圆移动至古诗的右上角(不要让椭圆盖住古诗);在第 48 帧,将椭圆移动至古诗上方,完全盖住古诗;创建传统补间动画,如图 6-50 所示。

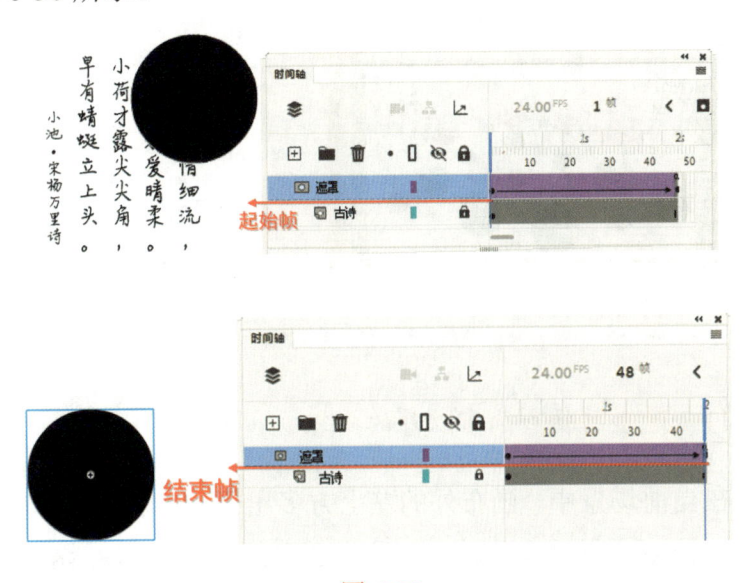

图 6-49

图 6-50

③ 右击"椭圆"图层，选择"遮罩层"命令。生成古诗从右上角慢慢显示的动画效果。

④ 为了让文字显示后停止播放，在最后一帧处插入空白关键帧，按【F9】键打开"动作"面板，录入代码"stop( )"。

10. 在场景1制作画轴展开的效果

① 切换到场景1，图层重命名为左轴。绘制画轴，并按【F8】键将其转换为图形元件"画轴"，效果如图6-51所示。

② 复制图层，重命名为右轴，将其调整到左轴右侧。

③ 新建图层为画布。绘制画布，并按【F8】键将其转换为图形元件"画布"，起始帧效果如6-52所示。

④ 在第20帧处插入关键帧，调整右轴的位置至舞台右侧，并调整画布大小，分别创建传统补间，效果如图6-53所示。

图6-51　　图6-52　　图6-53

⑤ 新建图层"荷塘"。在第20帧处插入空白关键帧，从"库"面板中拖出荷叶、荷花、荷花动、柳条飘、蝌蚪游、蝌蚪甩尾巴、蜻蜓、蜻蜓飞、古诗影片剪辑元件，调整元件实例的位置、大小、角度、色调等，如图6-54所示。

⑥ 新建图层"蜻蜓飞"。在合适的时间点插入关键帧，制作蜻蜓从画轴右侧飞到荷花上的动画效果。

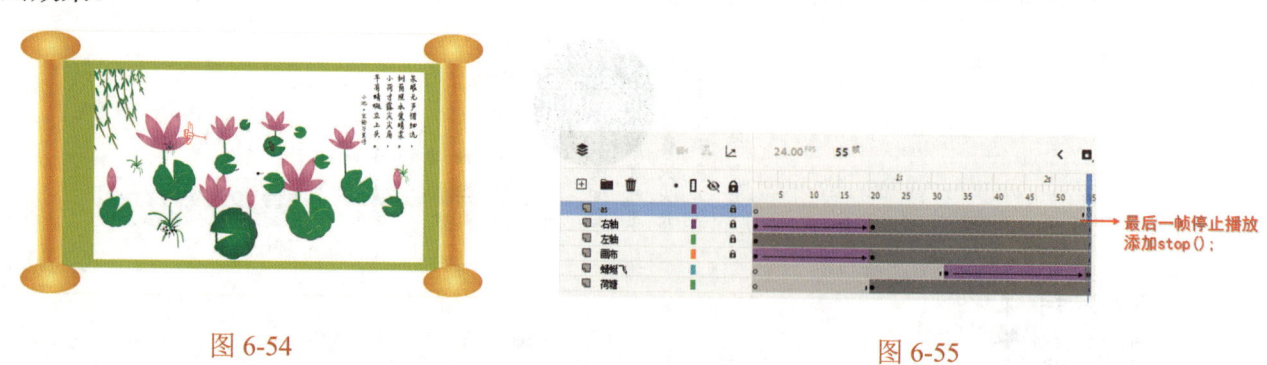

图6-54　　图6-55

11. 遮盖画轴和画布以外的内容

在当前场景中，画布外的左上方多出了一节柳条，影响美观。此时可以利用任务7遮罩技术实现画轴及画轴以内的内容显示的效果，效果如图6-56所示。

元件的嵌套使用 任务6

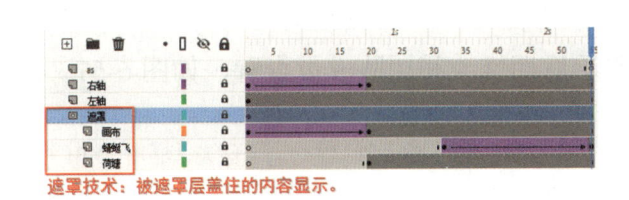

图 6-56

提示

- 代码 stop( )实现功能：控制当前时间轴停止播放。
- 影片剪辑元件的时间轴是独立的，所以场景里的 stop( )语句无法控制影片剪辑的时间轴。

正是利用了 stop( )语句的这一特性，才实现了场景中的画轴停止播放，但是影片剪辑依然在播放的效果。

12. "库"面板中整理元件

在"库"面板中新建多个模块文件夹，对元件分类管理。

6.5 任务总结

通过本任务内容的学习，应该已经掌握动画制作的"精髓"了，可以开始设计、制作小型动画了。为了提高工作效率，在进行综合案例制作时，可以采用一些实用的操作方法。

1. 双击实例进入元件编辑环境

双击实例进入元件编辑环境，可以在元件的编辑环境下看到舞台。既可以达到根据舞台大小设计元件内部动画效果的目的（如雪花路径、蝌蚪游的距离），又可以达到在舞台上定位影片剪辑元件的目的（如在舞台上定位"漫天飞舞"元件）。

2. 文件间实现库共享

打开多个文件后，通过"库"面板列表，可以实现已打开文件间的元件共享。

打开多个文件后，直接将 A 文件的元件拖入 B 文件的舞台即可，同时与该元件相关的所有元件、素材也自动复制到 B 文件库中。

3. 整理"库"面板——建立文件夹分类别管理元件

当"库"面板中的元件比较多时，显得杂乱无章，这会降低我们的工作效率。在动画制作过程中，通过"库"面板中的文件夹来管理库资源。

在"库"面板中新建多个文件夹，按照模块命名，或自己制定命名规则，一定要清晰易懂，便于后期修改和团队成员查看，如图6-57（a）所示。

4. 整理"库"面板——查找没有使用到的元件

在"库"面板中，可以看到使用次数，将使用次数为0的元件删除，可为文件减肥，如图6-57（b）所示。

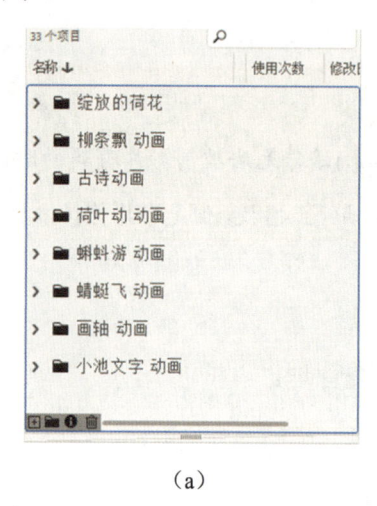

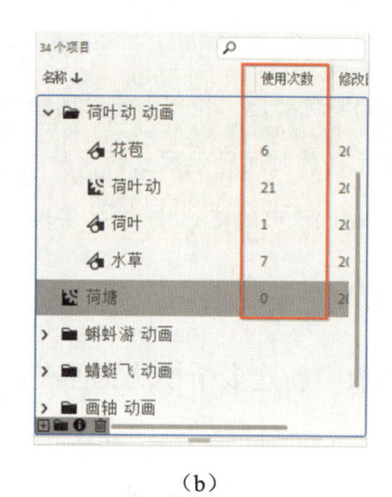

（a）　　　　　　（b）

图6-57

6.6 提高创新

在交互动画中，用户可以使用键盘或鼠标与动画进行交互，增强用户的参与度，增强动画的魅力。

学习目标：按钮控制当前时间轴播放，按钮控制影片剪辑时间轴播放。

实现效果：画轴展开，小池里柳条飘动、蝌蚪游动，如图6-58所示。

6-11 按钮控制动画播放

单击"播放"按钮，荷花绽放、蜻蜓飞来、古诗《小池》内容显示；单击"返回"按钮，动画回到卷轴展开后的状态（21帧）。

设计思路：

1. 准备按钮

① 打开"动态按钮"文件、"小池-按钮"文件，在当前文件的"库"面板列表里找到"动态按钮"文件库，如图6-59所示。

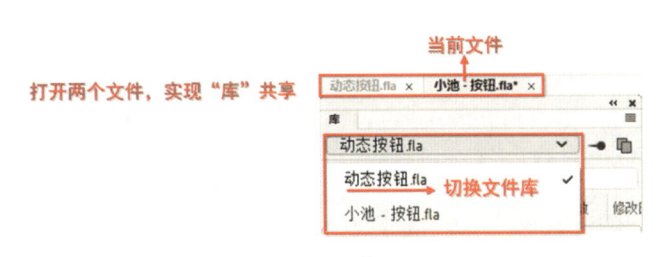

图 6-58　　　　　　　　　　　　　　　图 6-59

② 将"按钮素材"元件拖入当前文件，创建库文件夹"按钮"，将该元件的相关元件都放在按钮文件夹中。

③ 在"库"面板中直接复制元件"按钮素材"，创建播放、返回两个按钮。

2. 画轴展开后，时间轴停止播放，荷花、古诗实例停止播放

分析：动画要先停止播放，按钮才能控制荷花、古诗的播放。

① 为荷花、古诗实例命名。选择要控制的"绽放的荷花"实例、"古诗"实例，在"属性"面板找到实例名称文本框，分别输入实例名称，如图 6-60 所示。

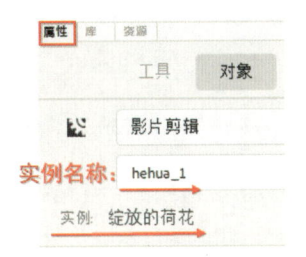

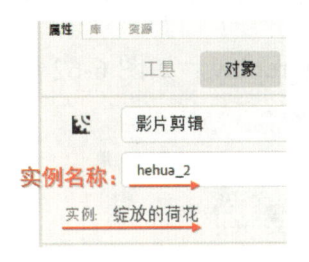

图 6-60

② 添加时间轴控制函数 stop( )。

③ 将场景第 20 帧画轴展开。所以，在 as 图层的第 20 帧处插入空白关键帧，按【F9】键打开"动作"面板，输入动作脚本。

```
stop();              //当前时间轴停止播放
hehua_1.stop();      //荷花实例的时间轴停止播放
hehua_2.stop();      //荷花实例的时间轴停止播放
gushi.stop();        //小池实例的时间轴停止播放
```

3. "播放"按钮，控制时间轴向后播放、影片剪辑元件实例开始播放

提示

在 ActionScript 动作脚本只能添加在关键帧，所以按钮实例需要命名后才能使用。

① 为"播放"按钮实例命名 bn_play，如图 6-61 所示。

图 6-61

② 在第 20 帧继续添加动作脚本。

```
/*单击按钮 bn_play，触发函数 fn_play()*/
bn_play.addEventListener(MouseEvent.CLICK,fn_play);
function fn_play(event: MouseEvent): void {
    play();//当前时间轴播放
    hehua_1.play(); //荷花实例的时间轴播放
    hehua_2.play(); //荷花实例的时间轴播放
    gushi.play(); //小池实例的时间轴播放
}
```

4. "返回"按钮，控制时间轴跳转到画轴展开后的时间点（第 21 帧），继续播放。

① 为"返回"按钮实例命名 bn_replay，如图 6-62 所示。

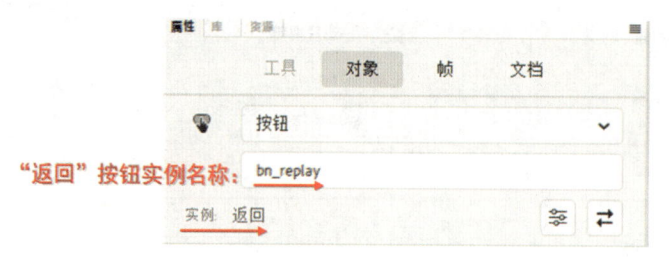

图 6-62

② 在动画最后一帧添加动作脚本。

```
stop();                          //时间轴停止播放
/*单击按钮 bn_replay，触发函数 fn_replay()*/
bn_replay.addEventListener(MouseEvent.CLICK, fn_replay);
function fn_replay(event: MouseEvent): void {
    gotoAndPlay(21);             //跳转到当前时间轴第 21 帧并开始播放
}
```

任务 7

遮罩层动画的应用

制作动画时有时候为了增加神秘感,希望对象一点儿一点儿地显示出来,或者只是以不规则的形式显示对象的某一部分。该类效果通过遮罩图层来实现。

遮罩层动画是对逐帧动画、补间动画的综合运用。掌握遮罩层动画,相当于打开了动画的另一扇大门,效果堪称惊艳。

7.1 任务分析

知识目标

掌握遮罩层动画的设计思想;
掌握遮罩图层、被遮罩图层的区别;
掌握遮罩层动画的制作方法。

技能目标

能够制作、编辑遮罩层动画;
能够设计遮罩技术实现的动画效果。

素质目标

培养学生自主学习的能力:对遮罩技术的灵活应用。

思政目标

培养学生虚心求学,以诚待人的优秀品德。

7.2　难点剖析

遮罩技术需要至少两个图层才能实现——遮罩图层和被遮罩图层。遮罩图层充当显示方式的设置，被遮罩层放置显示内容。初学者往往分不清哪个对象应该放置在遮罩层，哪个对象应该放置在被遮罩层。这也是本任务通过诸多案例来训练的重点、难点。

7.3　相关知识

7.3.1　遮罩层动画

1. 遮罩动画的设计思路

遮罩层动画至少有两个图层，上面图层为"遮罩层"，下面图层为"被遮罩层"；两个图层重叠的地方被显示。

也可以制作多层遮罩动画，即一个遮罩层同时遮罩多个被遮罩层的遮罩动画。

7-1　遮罩层动画

2. 知识记忆

① 下面图层——被遮罩层：放置要显示的内容（可以是动画或静态的）。
上面图层——遮罩层：设置内容的显示区域（可以是动画或静态的）。
② 两个图层重叠的部分被显示。
③ 遮罩动画显示的颜色完全由被遮罩层内容的颜色决定。

> 提示
>
> 遮罩层内容在播放时不会显示，所以它的颜色对动画没有任何影响，即使透明也没有关系。

3. 建立遮罩关系

① 新建图层"被遮罩层"，放入人物图形。在图层上方新建图层"遮罩层"，绘制椭圆，将椭圆位置调整到人物的头部，如图7-1所示。

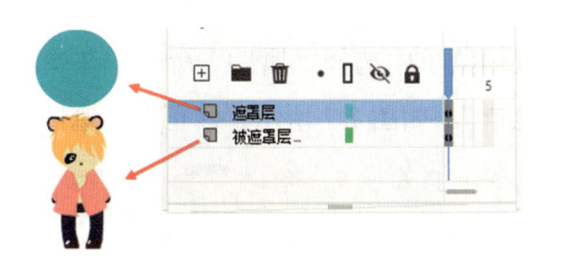

图 7-1

② 右击上面的图层，选择"遮罩层"命令，如图 7-2 所示，即将该图层设置为遮罩层，其下方相邻的图层变为被遮罩层。遮罩关系建立后，两个图层被自动锁定，遮罩效果如图 7-2 所示。

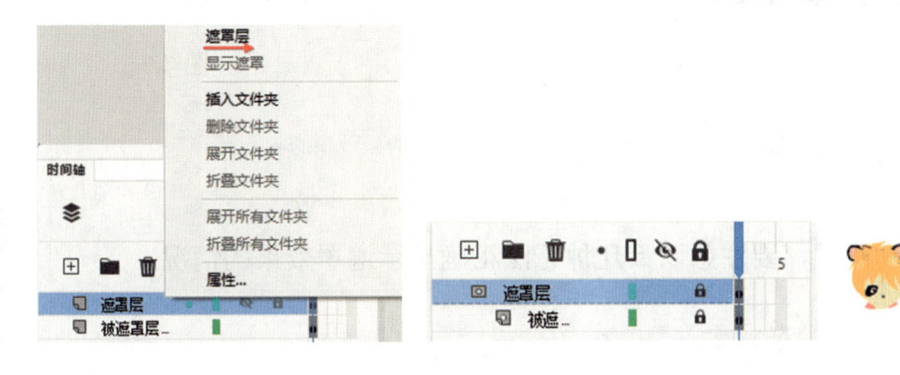

图 7-2

7.3.2 编辑遮罩层动画

① 图层解锁，进入遮罩动画的编辑模式。解锁后，遮罩效果不显示，如图 7-3 所示，可以调整两个图层的内容。修改完成后，将图层再次锁定，又正常显示遮罩效果。

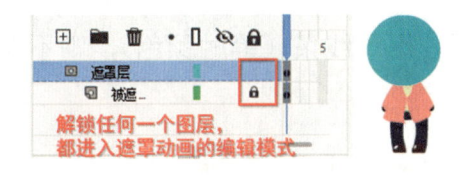

图 7-3

② 正确的遮罩关系如图 7-4 所示。请注意观察遮罩层的图标和被遮罩层的图标，以及图层之间自动形成的前后关系。

图 7-5 所示的情况很明显，两个图层关系错乱、遮罩关系没有建立。

图 7-4   图 7-5

修改方法有以下两种：
- 向被遮罩层的右上（遮罩层的右下）方拖动被遮罩层，如图 7-6 所示。修正后，遮罩关系正确。

- 右击被遮罩图层,在弹出的快捷菜单中选择"属性"命令,在弹出的"图层属性"对话框中,将图层类型改为"被遮罩",如图 7-7 所示。修正后,遮罩关系正确。

图 7-6

图 7-7

7.3.3 遮罩层动画的注意事项

在制作遮罩动画时,要注意以下几种无法正确显示遮罩效果的情况。

7-2 遮罩动画注意事项

1. 遮罩层不支持多个对象

如果在制作过程中,遮罩层有多个对象(对象包括元件实例、文本、绘制对象、组),只显示第一个对象的遮罩效果。

解决方法:将多个对象分离(按【Ctrl+B】键)为形状。

2. 遮罩层不支持线条(笔触颜色)

如果在制作过程中,遮罩层使用了线条(笔触颜色),则不能显示遮罩的效果。

> **提示**
>
> 这里指的是遮罩层,被遮罩层是支持线条的。

解决方法:
选择线条,选择菜单命令"修改"—"形状"—"将线条转换为填充",可以将线条转换为填充,如图 7-8 所示。

图 7-8

3. 遮罩不支持部分字体

针对部分字体,会出现两种情况的错误:

① 制作过程中有些字体的遮罩效果不能正常显示。

② 编辑状态，遮罩效果正常显示；测试影片时，遮罩效果不显示。

解决方法：修改字体或者将文本分离为形状。如果文字较少，则建议直接将文本对象分离为形状。

> **提示**
>
> 将文本分离为形状，不能再修改字体、字号、字符间距等属性。如果需要将文本分离为形状，可以先将文本的相关属性设置好，再分离。

7.4 案例实现

7.4.1 基础遮罩效果

1. 手绘效果——针对练习：遮罩层有多个对象

学习目标：掌握用遮罩技术实现手绘效果的方法。

实现效果：图片内容一点儿一点儿地显示出来，先显示荷叶、蜻蜓，再显示文字。

设计思路：

遮罩层：逐帧涂抹动画。

被遮罩层："小荷才露尖尖角"画作。

具体实现：

① 图层重命名为"图片"，导入"小荷才露尖尖角"图片。

② 新建图层"遮罩"。选择"画笔"工具，检查当前是形状模式后，拖动鼠标开始涂抹。第 1 帧涂抹一点点，第 2 帧涂抹得多一点儿，越往后涂抹得越多，直到最后一帧完全涂抹图片内容。制作过程如图 7-9 所示。

图 7-9

> 提示
>
> 刷子的绘图模式,如果是绘制对象模式,则整个动画只能看到第一笔遮罩的效果。因为遮罩层从第 2 帧开始就相当于有多个对象了。当有多个对象时,只显示第一个对象的遮罩效果。

③ 右击"图片"图层,选择"遮罩层"命令,效果如图 7-10 所示。

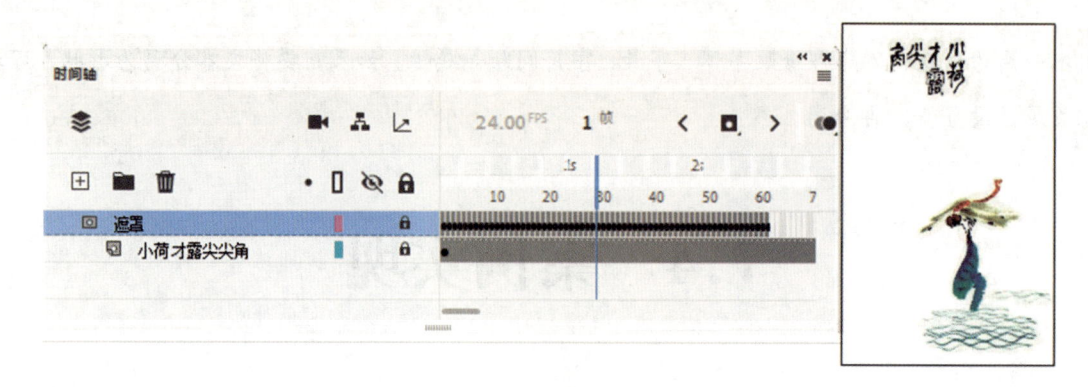

图 7-10

④ 将"填充"图层填充延时到第 100 帧,测试动画。

2. 发光效果——针对练习:遮罩层不支持线条

学习目标:掌握经典的发光效果的制作方法。

实现效果:在五角星后面,光线不停地闪烁并发散着光芒,如图 7-11 所示。

设计思路:绘制线条,转换为填充,调整中心点,旋转复制形成造型后,利用线条的交叉互逆运动实现发光效果。

7-4 闪闪的红星

遮罩层:线条造型。

被遮罩层:水平翻转线条造型,做顺时针旋转运动。

图 7-11 　　　　　图 7-12

具体实现:

(1)打开五角星素材

五角星素材如图 7-12 所示。

(2) 制作发光效果

① 新建图层"线_1"。绘制线条，调整笔触颜色：黄色，笔触大小：4。选择线条，选择菜单命令"修改"—"形状"—"将线条转换为填充"，将线条转换为填充。

> **提示**
>
> 遮罩层不支持线条，所以要将线条转换为填充。

② 选择"任意变形工具"(【Q】键)，将线条的中心点移至五角星中心点位置，如图7-13（a）所示。打开"变形"面板，设置旋转角度为20°，多次单击"重制选区和变形"按钮，形成如图7-13（b）所示造型。选择后按【F8】键，将其转换为图形元件。

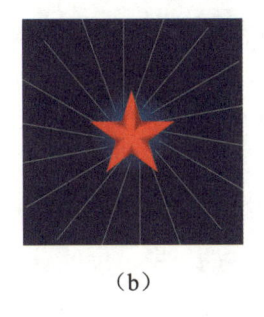

（a） （b） （c）

图 7-13

③ 右击图层"线_1"，选择"复制图层"命令，将图层重命名为"线_2"，对造型做水平翻转，形成如图7-13（c）所示造型。

④ 被遮罩层第53帧插入关键帧，在1~53帧中间创建传统补间动画，并设置顺时针旋转。

⑤ 右击上面图层，选择"遮罩层"命令，形成遮罩关系，最终效果如图7-14所示。

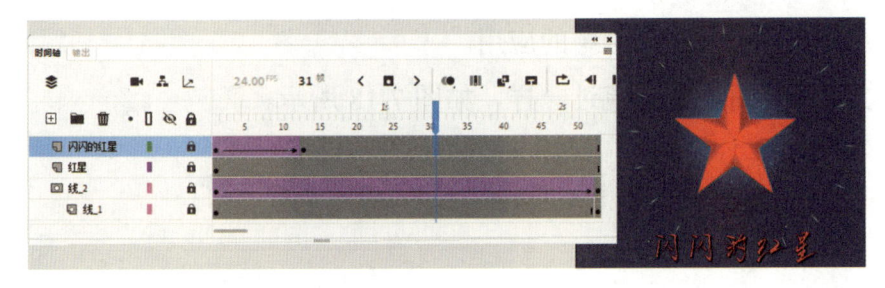

图 7-14

3. 广告中的线条运动

学习目标：掌握利用遮罩技术实现线条运动的方法。

实现效果：神秘光线从舞台上划过，充满诱惑，如图7-15所示。

设计思路：该效果技巧性很高，是网页广告中比较典型的遮罩技术的应用。该效果要显示的是荧光球的渐变色，显示区域是线条。

遮罩层：线条（转换为填充）。被遮罩层：运动的荧光。

图 7-15

具体实现：

① 遮罩层，绘制线条，并将线条转换为填充，如图 7-16 所示。

图 7-16

② 被遮罩层，荧光球沿线条做由左到右的运动，如图 7-17 所示。

图 7-17

7-5 广告欣赏

提示

一定要是荧光球（径向渐变：中心 Alpha 值为 100，外侧 Alpha 值为 0），才能显示出线条两端尖尖的效果。

4. 流水文字效果——针对练习：遮罩不支持部分字体

学习目标：重复颜色在遮罩动画中的应用。

实现效果：文字上方好像水流流过一样，如图 7-18 所示。

Stay Hungry Stay Foolish

虚心若愚；求知若饥

图 7-18

设计思路：在遮罩动画中，利用黑白颜色的交替显示来模拟水流效果。要显示的是灰白交替颜色矩形的左右移动；显示区域是小桥流水人家。

遮罩层：文本"Stay Hungry Stay Foolish"。

被遮罩层：移动的矩形。

具体实现：

先要绘制矩形，颜色设置如图 7-19 所示。

7-6 流水文字

遮罩层动画的应用 任务 7

图 7-19

① 新建图形元件"矩形"。绘制一个长长的矩形，笔触颜色为没有颜色，填充颜色为线性渐变：绿色—白色—绿色。

② 选择"渐变变形"工具，单击矩形，将光标放在右侧中间的按钮上，向中间位置拖动，缩小渐变颜色的填充范围，效果如图 7-20 所示。

图 7-20

③ 打开"颜色"面板，在"流"选项组中单击"重复颜色"（第三个按钮），在矩形范围内按照"黑色—白色—黑色"进行重复填充，如图 7-21 所示。

图 7-21

提示

在任务 2 中，对"渐变变形工具"和"颜色"面板有详细介绍。

④ 切换到场景 1，在舞台上生成矩形实例。新建图层"文本"，输入文本：Stay Hungry Stay Foolish，设置文本参数，使其位于舞台中央。设置起始帧矩形和文本的右侧对齐，结束帧矩形和文本的左侧对齐，如图 7-22 所示。在起始帧和结束帧之间创建传统补间。

图 7-22

5. 光束划过文字效果

爱人者，人恒爱之，敬人者，人恒敬之

图 7-23

161

学习目标：普通图层和遮罩效果共同组成动画效果，如图 7-23 所示。

实现效果：一束黄光（云朵）从（蓝色）文字上划过。

设计思路：蓝色文字单独在普通图层，一直显示，黄色光速划过文字由遮罩技术实现。

- 黄色文字的显示，通过遮罩动画实现，该效果需要两个图层。

遮罩层：文本。

被遮罩层：运动的光束。

- 普通层：蓝色文本。

具体实现：

① 重命名图层为蓝色文字，输入文本，设置文本参数并位于舞台中央。锁定、隐藏图层。

② 复制蓝色文字图层，重命名为黄色文字。将文本颜色改为黄色。

③ 新建图层"光束"。绘制云朵造型，按【F8】键将其转换为图形元件。

④ 在第 1 帧处设置光束在文本的一侧，在结束帧处设置矩形在文本的另一侧，创建传统补间，动画时间轴如图 7-24 所示。

图 7-24

提示

该案例中，也可以是矩形在被遮罩层、文字在遮罩层。同学们可以试做，对遮罩动画做进一步的理解。

7.4.2 水流动画——池中景

学习目标：掌握使用遮罩技术制作水流的方法。

实现效果：清凉的音乐中，气垫船在水流的流动下左右晃动，邀人共享清凉，如图 7-25 所示。

设计思路：水流在水面上流动。该动画的难点在于理解水流为什么会动。需要 3 个图层。

- 水流流动的效果通过遮罩动画实现，该效果需要两个图层。

遮罩层：线条（用线条的运动模拟水波）。

被遮罩层：水面。

- 静止的水面。普通图层"女孩"。

具体实现：

1. 普通图层

导入位图"清凉夏日"，设置舞台和图片一样大小：宽 342 像素，高 450 像素。将图层重命名为女孩。锁定、隐藏该图层。

2. 制作水波的流动效果（遮罩动画）

> **提示**
> 被遮罩层的位图一定要比舞台大或者小，若和将来的底图（普通图层）一样大小，水流的动画效果就看不到了。

① 复制"女孩"图层，重命名为水面，作为水流遮罩动画的被遮罩层。

② 新建图层"线条"。绘制线条，并将线条调整为弧形形状，选择菜单命令"修改"—"形状"—"将形状转换为填充"，如图 7-26 所示。选择所有线条，按【F8】键将其转换为图形元件"线条"。

图 7-25

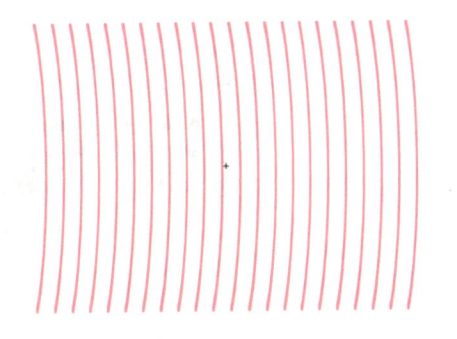

图 7-26

> **提示**
> 线条的宽度要足够，如果宽度不够，则可以复制多组。

③ 在遮罩层的第 60 帧处插入关键帧，移动线条的位置，创建传统补间动画，如图 7-27 所示。

图 7-27

④ 右击上面的图层，选择"遮罩层"命令，创建遮罩关系，测试水流的效果，如图 7-28 所示。

⑤ 解锁"女孩"图层，发现看不到水流效果了。

> **提示**
> 其实，被遮罩层是图片，也就是要显示的是图片，利用线条的运动造成了视觉差。所以不管线条做什么

运动，最终看到的还是图片。

如果图片的位置或者大小不做调整，在显示了水面底图后，水面图片和被遮罩层的图片完全重合，就看不到水流流动的效果了。

所以，该案例的关键点是调整被遮罩层图片的位置或者大小。

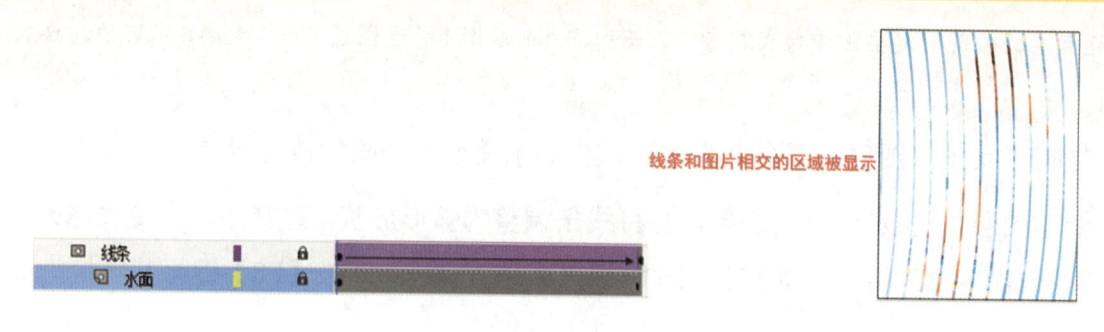

线条和图片相交的区域被显示

图 7-28

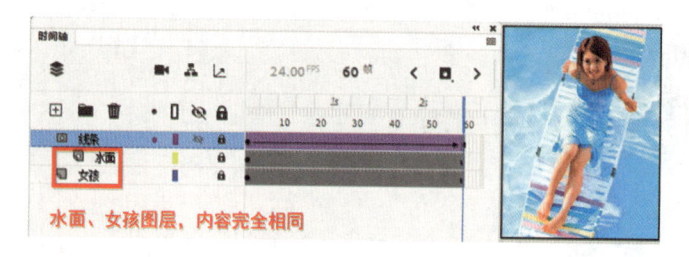

水面、女孩图层，内容完全相同

图 7-29

⑥ 将被遮罩层"水面"图层的图片向右、向下各移动一个像素。再次观察，看到水流效果，目前，水流效果是在整张图片上制作的，看到水流从船的上方流过；此处，还要新建图层，将气垫船抠图，放在水流动画的上方。最后制作气垫船晃动的效果。

⑦ 新建图层"气垫船"。将"库"面板中的位图拖动到舞台上，调整其与舞台大小一样。将其分离，选择"多边形套索工具"，将气垫船抠出，如图 7-30 所示，按【F8】键将其转换为元件。

⑧ 分别在第 15、30、45、60 帧处插入关键帧，分别在各关键帧里略微调整气垫船的角度（0°、-1.6°、0°、1.3°）、上下位置，创建传统补间动画，形成气垫船微微晃动的效果。

⑨ 新建图层"标题"。制作如图 7-31 所示的文字。

图 7-30

图 7-31

⑩ 新建图层"声音"。导入声音文件"bg.sound"，将声音拖动到舞台上，最终效果及时间轴如图 7-32 所示。

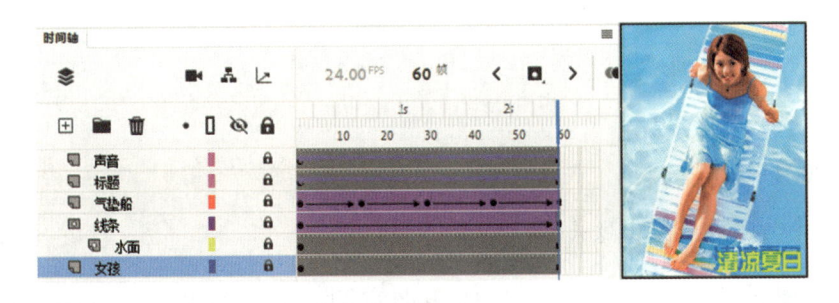

图 7-32

7.4.3 图片切换

学习目标：掌握遮罩层有多个运动对象的处理方法。

实现效果：随着多个矩形的变大，风景图片切换到下一张风景图，如图 7-33 所示。

图 7-33

设计思路：该效果类似于光束划过文字的效果，一张图片一直显示，一张图片通过遮罩技术显示，需要 3 个图层。

- 图片 2 通过遮罩动画实现，该效果需要两个图层。

遮罩层：多个矩形的运动动画实例。

被遮罩层：图片 2。

- 普通图层：图片 1。

1. 普通图层显示图片 1

图层重命名为"图片 1"，导入图片 1，根据图片大小设置舞台参数：宽 300 像素，高 450 像素。调整图片和舞台一样大小，居中。

7-9 图片切换

2. 遮罩动画显示图片 2

① 新建图层为"图片 2"。导入图片 2，调整和舞台一样大小，居中。
② 新建图形元件"矩形"，在"属性"面板中设置大小为宽 60 像素、高 90 像素。

> **提示**
>
> 5×60=300；5×90=450。
>
> 矩形的宽、高要和舞台大小呈倍数关系。

③ 新建影片剪辑元件"矩形变化"，生成矩形实例，制作矩形"大—小—大"变化的动画效果，并适当延时，如图7-34所示。

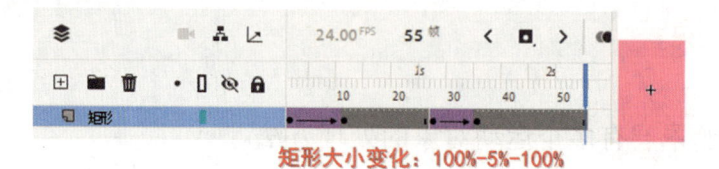

图 7-34

> **提示**
>
> 延时的时间就是图形1显示的时间。

④ 新建图层"遮罩"。

- 生成"矩形变化"实例，复制25个，利用"对齐"面板，均匀分布在舞台上方，如图7-35所示。

图 7-35

- 选择25个实例，按【F8】键，将其转换为影片剪辑元件"多个矩形变化"。

> **提示**
>
> 当遮罩层放置多个对象时，只显示第一个对象。所以，此处将25个实例转换为一个元件。

⑤ 测试动画。矩形可以使用椭圆或别的造型代替。

7.5 任务总结

遮罩动画效果变化万千，但总归是一点：将要显示的对象放在被遮罩层，将显示的方式放在遮罩层，图层重叠区域的内容显示。多多尝试，一个不经意的设想，遮罩就会带来惊喜。任务 7.4.3 图片切换案例中，对多个对象之间的位置对齐做了巩固提高，同学们要掌握方法和技巧。

1. 区分与舞台对齐、对象间的对齐

舞台对齐与对象间的对齐如图 7-36 所示。

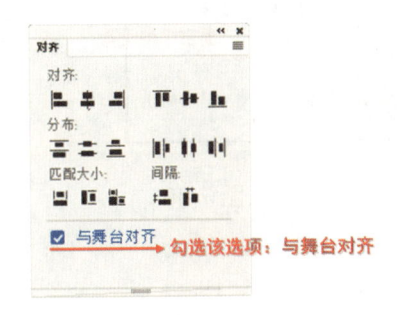

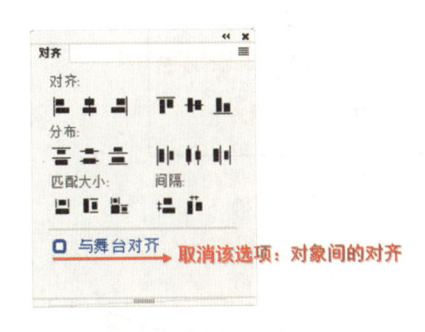

与舞台对齐　　　　　　　　　　　　对象间的对齐

图 7-36

2. 案例分析

① 在水平方向，生成 5 个实例。
② 在"对齐"面板选择"与舞台对齐"。设置一个实例位于舞台左上角，一个实例位于舞台右上角，如图 7-37 所示。
③ 在"对齐"面板取消"与舞台对齐"。选择 5 个实例，设置为顶对齐、水平平均间隔，如图 7-38 所示。

7-10 对象间的对齐

图 7-37 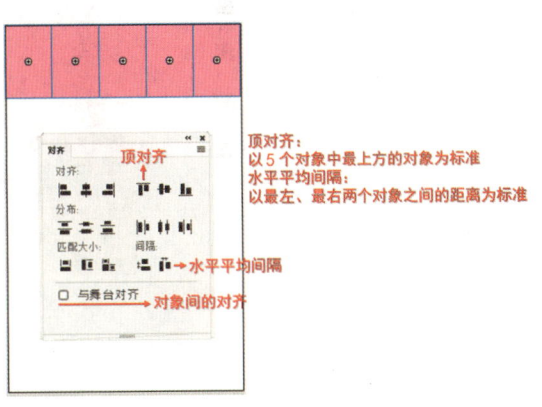　　　　　　　　　　　　图 7-38

④ 在垂直方向生成 5 个实例。

⑤ 在"对齐"面板选择"与舞台对齐"。设置一个实例位于舞台左上角，一个实例位于舞台左下角，如图 7-39 所示。

⑥ 在"对齐"面板取消"与舞台对齐"。选择 5 个实例，设置为左对齐、垂直平均间隔，如图 7-40 所示。

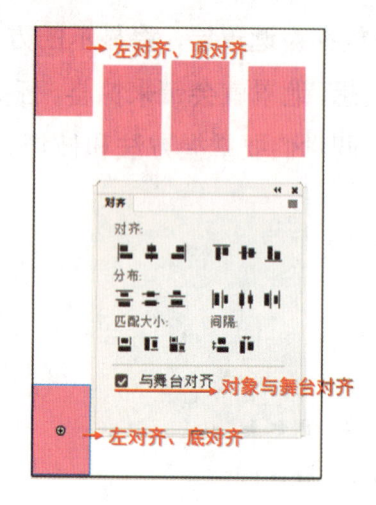

图 7-39

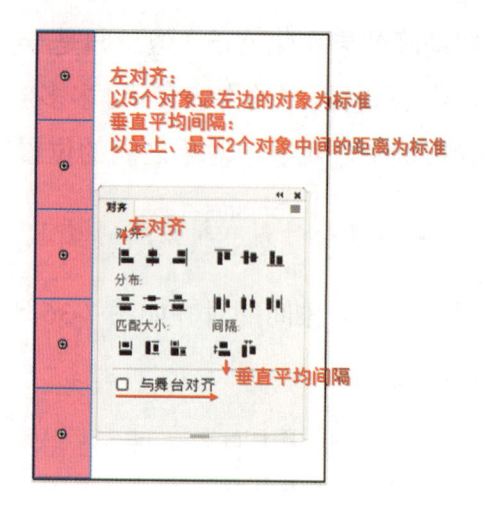

图 7-40

7.6 提高创新

学习目标：掌握按钮控制图片切换的制作方法。

实现效果：单击左侧"琴音""梦幻""花儿""乖乖女"按钮，在右侧显示相应的图片，如图 7-41 所示。

图 7-41

设计思路：利用时间轴函数实现该动画效果。

① 制作 4 个按钮"琴音""梦幻""花儿""乖乖女"。

② 制作 4 个图片动画效果：琴音-动画、梦幻-动画、花儿-动画、乖乖女-动画。

③ 在主场景，第 1 帧生成 4 个按钮。

④ 在主场景，第 2 帧生成"琴音-动画"实例，第 3 帧生成"梦幻-动画"实例，第 4 帧生成"花儿-动画"实例，第 5 帧生成"乖乖女-动画"实例。

⑤ 设置动作脚本。单击"琴音-按钮"实例，跳转到第 2 帧停止播放；单击"梦幻-按钮"实例，跳转到第 3 帧停止播放；单击"花儿-按钮"实例，跳转到第 4 帧停止播放；单击"乖乖女-按钮"实例，跳转到第 5 帧停止播放。

具体实现：

1. 制作"琴音"按钮

① 创建影片剪辑元件"小方框形变""大方框形变""黑白矩形形变"。

② 创建按钮元件"琴音-按钮"，将动画效果组合在一起，如图 7-42 所示。

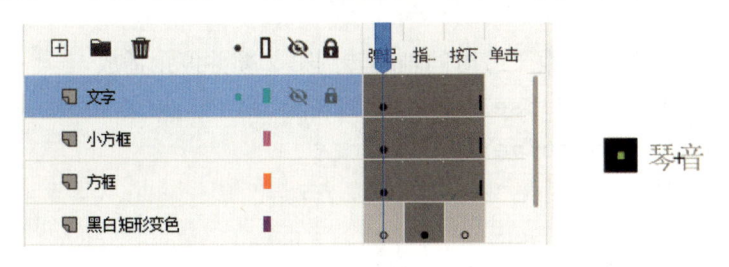

图 7-42

③ 直接复制"琴音-按钮"，修改为"梦幻-按钮""花儿-按钮""乖乖女-按钮"。

2. 制作"琴音-动画"影片剪辑

① 导入图片。

② 创建影片剪辑元件"琴音-动画"在最后一帧输入 stop( )，动画停止播放，如图 7-43 所示。

③ 直接复制"琴音-动画"，修改为"梦幻-动画""花儿-动画""乖乖女-动画"，并修改图片内容。

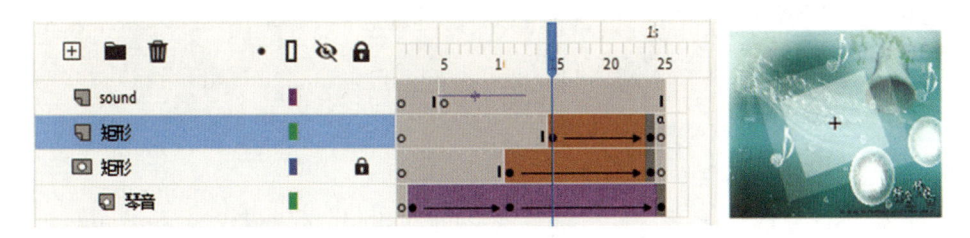

图 7-43

3. 场景设计

① 新建图层"文字按钮"。在第 1 帧生成 4 个按钮实例。在"属性"面板中为按钮实例命名。按钮命名对应关系如图 7-44 所示。

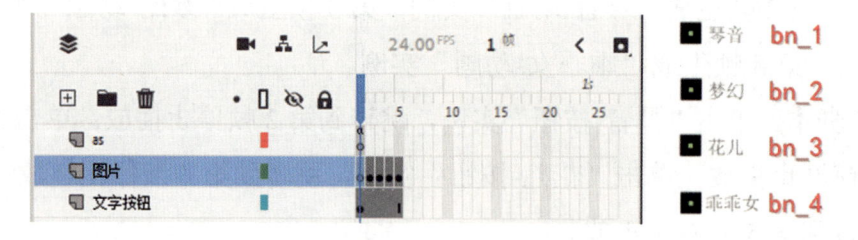

图 7-44

② 新建图层"图片"。在第 2 帧生成"琴音-动画"实例，在第 3 帧生成"梦幻-动画"实例，在第 4 帧生成"花儿-动画"实例，在第 5 帧生成"乖乖女-动画"实例。

③ 在第 1 帧输入动作脚本。

```
// 时间轴停止播放
stop();
// 单击按钮 bn_1 时，触发函数 f1,时间轴跳转到第 2 帧并停止播放
bn_1.addEventListener(MouseEvent.CLICK, f1);
function f1(event: MouseEvent): void {
    gotoAndStop(2);
}
// 单击按钮 bn_2 时，触发函数 f2,时间轴跳转到第 3 帧并停止播放
bn_2.addEventListener(MouseEvent.CLICK, f2);
function f2(event: MouseEvent): void {
    gotoAndStop(3);
}
// 单击按钮 bn_3 时，触发函数 f3,时间轴跳转到第 4 帧并停止播放
bn_3.addEventListener(MouseEvent.CLICK, f3);
function f3(event: MouseEvent): void {
    gotoAndStop(4);
}
// 单击按钮 bn_4t 时，触发函数 f4,时间轴跳转到第 5 帧并停止播放
bn_4.addEventListener(MouseEvent.CLICK, f4);
function f4(event: MouseEvent): void {
    gotoAndStop(5);
}
```

任务 8

视频和音频

在动画设计中运用音频、视频元素，能起到烘托作用，可提高动画的可观赏性，增加动画的趣味性，给观众带来丰富的听觉、视觉享受。任务 8 学习在动画中使用音频、视频的常用方法及技巧。同时介绍编辑音频和视频、控制音频和视频播放的方法及 MV 的制作思路。

8.1 任务分析

知识目标

掌握获取、编辑、控制音频和视频资源的方法；
掌握场景的用法；
掌握制作 MV 动画的方法。

技能目标

能够编辑音频、视频资源；
能够控制音视频的播放、制作 MV 短片。

素质目标

培养学生自主学习的能力：对音频、视频资源的灵活应用。

思政目标

培养学生的创新精神和团结协作能力。

8.2　难点剖析

声音、视频获取后并不是都能够导入动画中，也不是导入动画后就能使用。本任务介绍使用多种方式获取音频、视频的方法；使用工具软件"格式工厂"对音频和视频进行格式转换、截取的基本操作；使用音频播放软件对歌词进行时间定位的操作，目的是在介绍 Animate 的同时，使读者掌握常用工具软件的使用。

8.3　相关知识

8.3.1　获取音频、导入音频、编辑音频

动画中声音一般分为三类：背景音乐、音效、对白。
- 背景音乐也称配乐，通常是调节气氛的一种音乐，能够增强情感的表达，使观众身临其境。
- 音效就是由声音所造成的效果，是指为增强场面的真实感、气氛或戏剧气息，而加在声带上的杂音或声音，例如爆竹的爆炸声、汽车的喇叭声、流水声、鸟鸣声等。
- 对白是指动画中所有由角色说出来的台词，也称之为"台词"。

Animate 常用的声音格式是 MP3 格式。MP3 格式的声音数据是经过压缩处理的在网络上比较流行的一种声音格式。

1. 获取音频

获取音频的方式比较多，常用的方式有以下几种：

① 在手机上，使用录音机等工具录制音频。不同厂家手机录音机录制的音频格式不同（AAC、M4A 等格式），需将格式转换为 MP3 格式后才能使用。

② 在计算机上，使用话筒及录音软件录制音频。

③ 通过文字转语音类软件，将文字转换为音频。文字转语音类软件生成的 MP3 文件在导入时系统会提示无法导入（见图 8-1）。此时，需要借助格式转换类软件设置 MP3 音频的采样率、

8-1　音频

比特率，转换后即可导入 Animate 中。

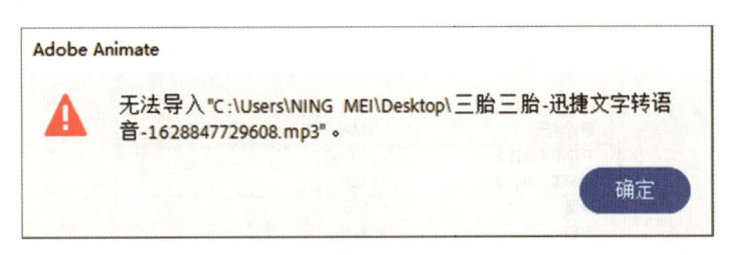

图 8-1

④ 通过音频提取类软件，提取视频内部的声音素材。例如 QQ 影音、Premiere 等。

⑤ 在网络上搜集、下载音频素材。

2. 音频格式转换

格式工厂是一款免费多功能的多媒体格式转换软件，简单易上手。本任务使用格式工厂将音频格式转换为能够导入 Animate 中的 MP3 文件，格式工厂界面如图 8-2 所示。

- 选择"音频"—"MP3"按钮，打开"MP3"对话框，如图 8-3 所示。

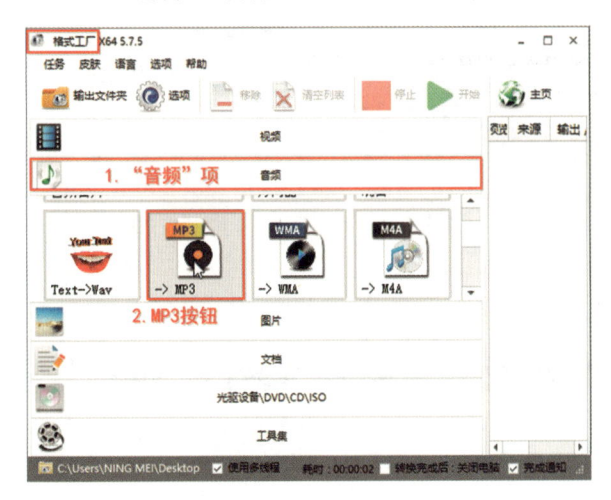

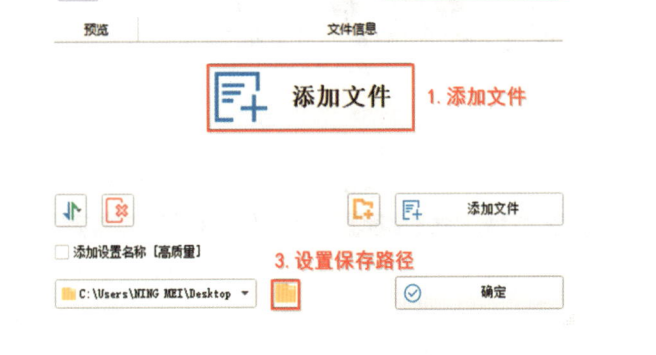

图 8-2

图 8-3

> **提示**
>
> 转换格式后，注意设置清晰的路径，以方便自己的定位。

- 添加文件后，单击"输出配置"按钮，打开"音频设置"对话框。在"音频"栏，选择采样率（赫兹）为 44100，比特率（Kb/秒）为 128，如图 8-4 所示。

> **提示**
>
> Animate Player 能很好地支持 MP3 音频格式，但并不是所有的 MP3 编码格式都支持。在声音不能正常导入时，需要在音频编辑软件中设置采样率为 44100Hz（或者其倍减数）、恒定码率（比特率）为 128Kb/秒。

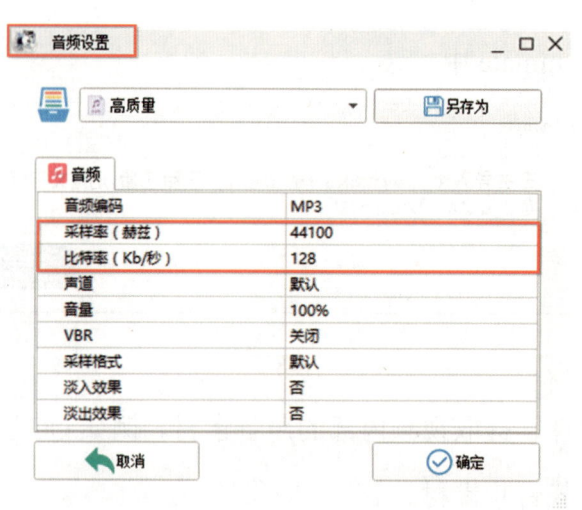

图 8-4

- 确定后，回到格式工厂主界面，选择音频文件，单击工具栏的"开始"按钮，开始转换（见图 8-5）。转换成功后会有一段音乐提示。

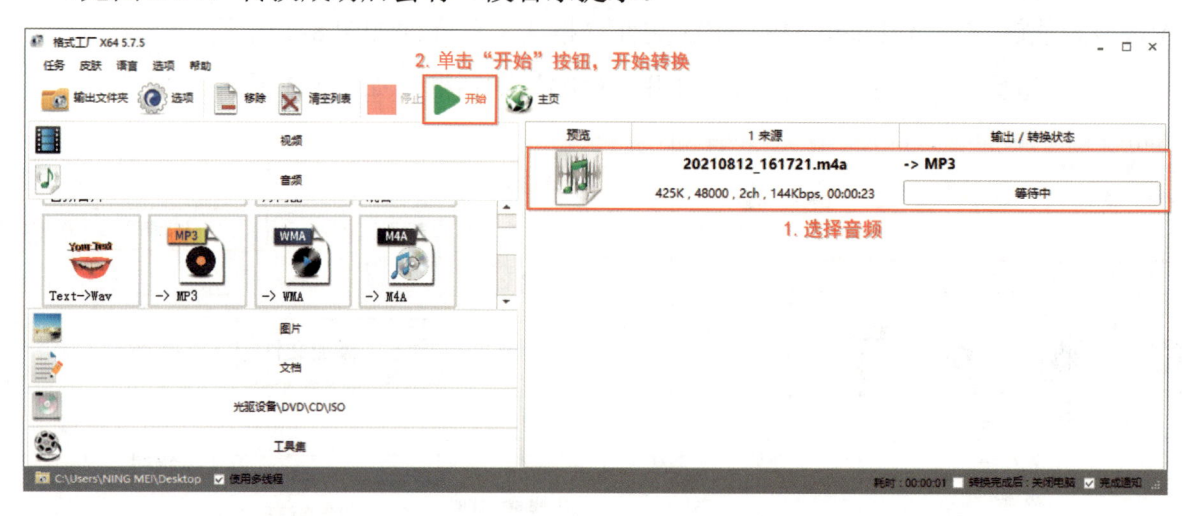

图 8-5

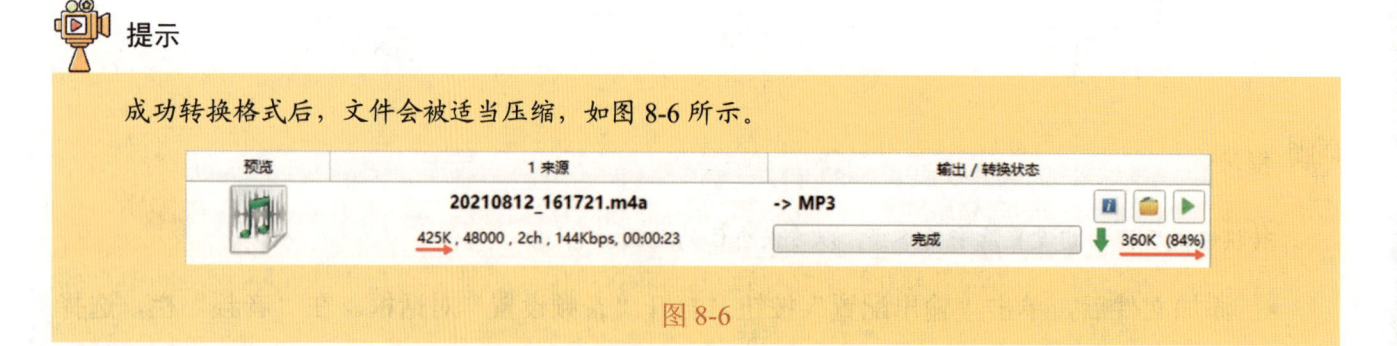

提示

成功转换格式后，文件会被适当压缩，如图 8-6 所示。

图 8-6

3. 导入音频

选择"文件"—"导入"—"导入到库"命令，导入音频。音频成功导入 Animate 中，如图 8-7（a）所示，自动存储在"库"面板。图标为喇叭状，预览窗口显示音波状，点击播放、停止按钮，可以控制音频的播放、停止，如图 8-7（b）所示。

(a)　　　　　　　　　　　　　　　　　　　(b)

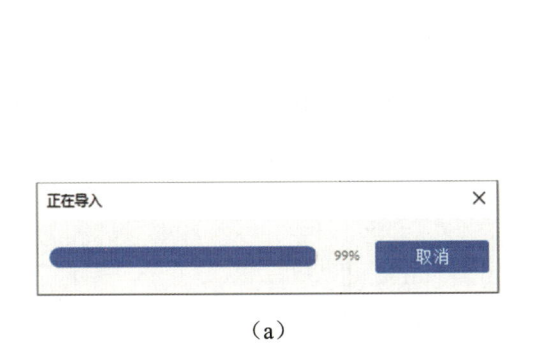

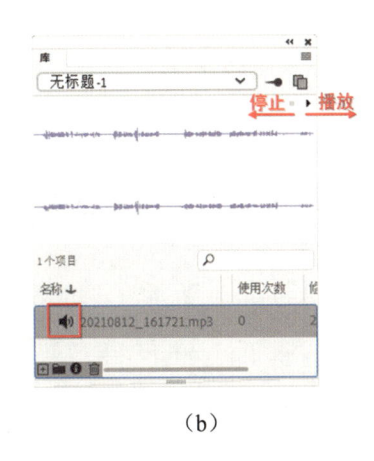

图 8-7

4. 使用声音

新建图层"音频"。将"库"面板中的声音拖动到舞台上，在关键帧中会显示音波。此时仅在第 1 帧有一条蓝线，如图 8-8（a）所示。继续在时间轴后按【F5】键进行延时，即可看到音波线，如图 8-8（b）所示。

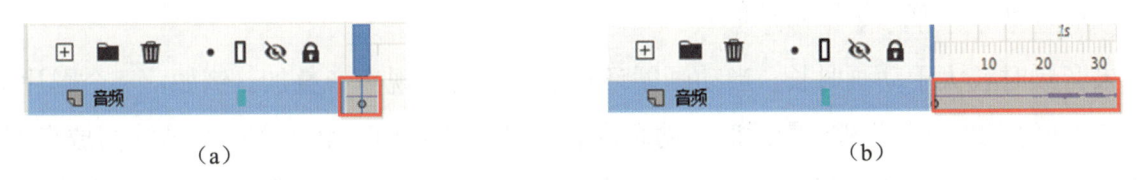

(a)　　　　　　　　　　　　　　　　　　　(b)

图 8-8

选择关键帧后，在"属性"面板的"声音"选项组中会显示音频的相关参数。如名称、效果、同步、编辑封套等命令项。如图 8-9 所示。

图 8-9

> **提示**
>
> - 声音只能放在关键帧上。
> - 当"库"面板中有多个声音时，可以通过"名称"列表实现声音文件间的切换。
> - 在多个图层上放置同一个声音时，实现音频的叠加播放效果。如果调整播放时间的先后顺序，实现多重唱的效果。

5. 声音"同步方式"

同步：是指动画和声音的配合方式。

声音与动画是同步播放还是独立播放，通过音频"属性"面板的"同步"类型决定，如图 8-10 所示。

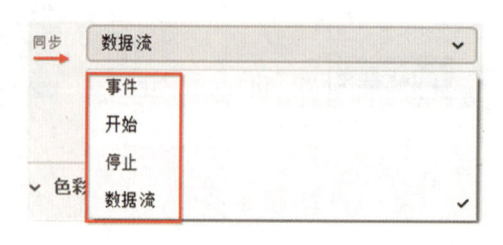

图 8-10

- 数据流：声音和时间轴同步播放。

在制作音乐 MV 时多用此格式，以保证画面和声音同步。

- 事件：声音的播放将和事件的发生同步。

事件声音独立于时间轴完整播放。

如果音频时长大于动画时长，当动画循环播放时，会出现声音叠加。例如，一个影片中动画内容 5 秒，声音 20 秒；当播放影片时，动画内容 5 秒播放完毕，第一个声音继续播放直到 20 秒播放完毕；当播放第二遍时，开始第二遍播放该声音……只要不关闭播放器，声音一直叠加播放。按钮音效、较短的音频多使用事件同步类型。

- 开始：事件声音独立于时间轴完整播放。

与事件类型不同的是，在播放前先检测是否正在播放同一个声音，如果正在播放，则不会播放新声音；如果没有，则播放新声音。

- 停止：停止播放指定的声音。

> **提示**
>
> 无论声音文件是什么格式，文件都会随声音的长度而增大。如果动画很长，实在不适合放入等长的声音作为背景，则可以用循环播放的方式来解决。
>
> 如果选择"循环"选项，则将无限循环播放。

6. 声音"效果"

通过"效果"选项对声音文件进行不同的设置，可以使声音和左声道、右声道发生不同的变化。Animate 设定了几种内置的声音播放效果，如图 8-11 所示。

- 无：对声音不使用任何特效。
- 左声道：只在左声道播放音频。

- 右声道：只在右声道播放音频。
- 向右淡出：将声音从左声道切换到右声道。
- 向左淡出：将声音从右声道切换到左声道。
- 淡入：使声音逐渐增大。
- 淡出：使声音逐渐降低。
- 自定义：选择"自定义"命令项后，打开"编辑封套"对话框，对声音进行高级设置。

7. 编辑声音封套

在"编辑封套"对话框可以截取声音、自由设置声音的音量、选择声音效果。此处以歌曲《虫儿飞》为例。

选择声音后，在"属性"面板中单击"自定义"命令项或"编辑声音封套"按钮，打开"编辑封套"对话框，如图 8-12 所示。

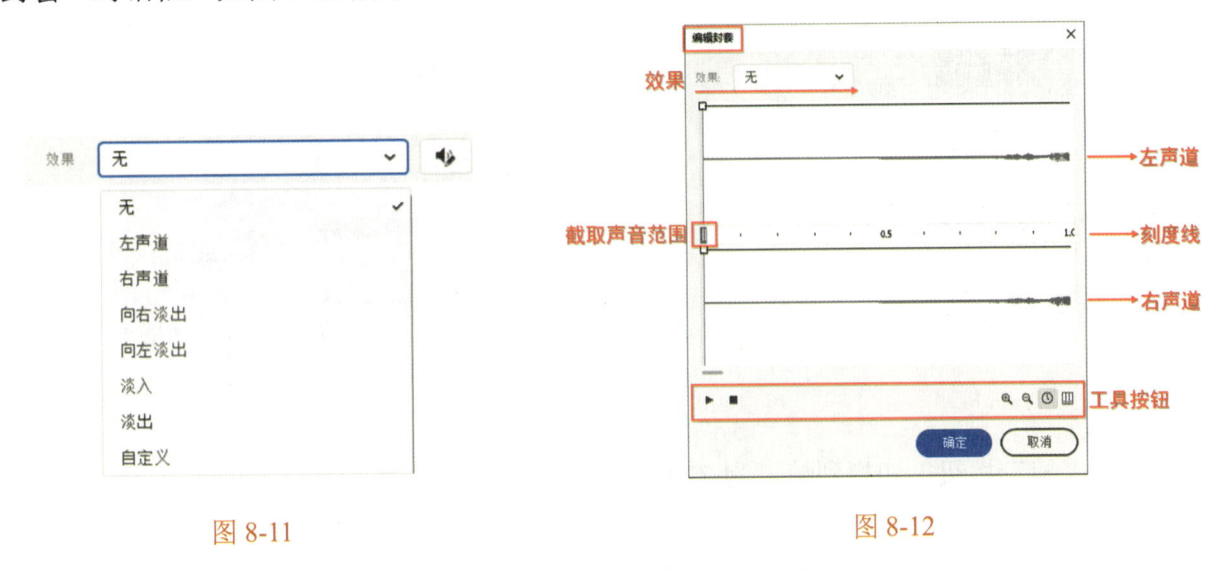

图 8-11

图 8-12

（1）控制按钮

单击工具按钮可以实现播放、停止播放音频，以及对音频的按秒、按帧查看，如图 8-13 所示。

图 8-13

经过查看，歌曲《虫儿飞》的播放时间为 100 多秒，2500 帧，如图 8-14 所示。

（2）截取音频

该案例只需要歌曲的前四句，即需要对音频进行截取。因为 Animate 提供的声音编辑功能有限，所以可以先配合专业的声音播放软件来确定时间点，再在 Animate 中进行截取。具体操作如下：

- 在专业的声音播放软件中，确定了《虫儿飞》第一句歌词之前的前奏有 10 秒（作为动画片头），第四句歌词到第 30 秒结束，并在歌词上标注，如图 8-15 所示。
- 在 Animate 中将光标放在刻度线最右侧的按钮上，并向左拖动到第 30 秒，声音的截取完成，如图 8-16 所示。

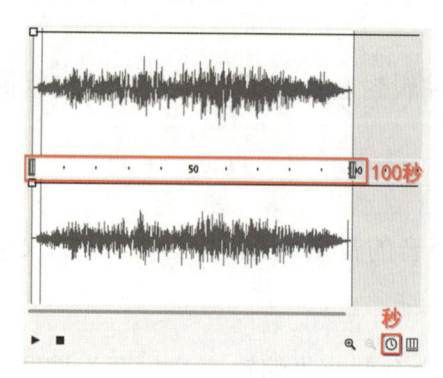

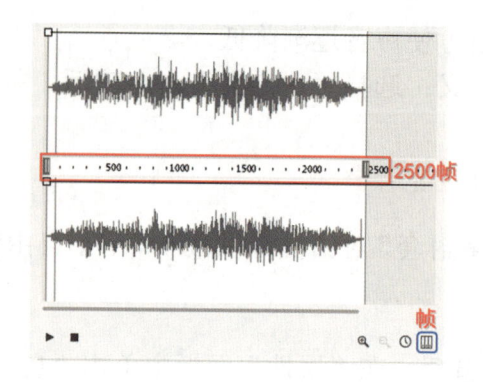

图 8-14

黑黑的天空低垂
亮亮的繁星相随
虫儿飞虫儿飞
你在思念谁
　　　　（10s—30s）

天上的星星流泪
地上的玫瑰枯萎
冷风吹冷风吹
只要有你陪
虫儿飞花儿睡
一双又一对才美
不怕天黑只怕心碎

图 8-15

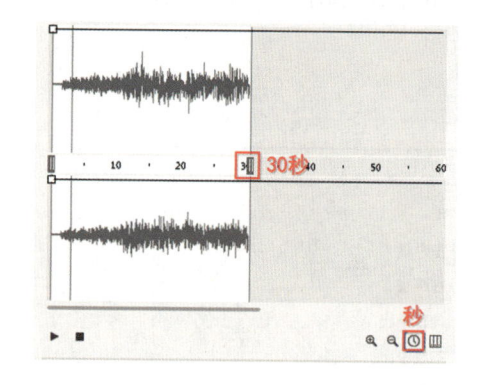

图 8-16

- 单击"帧"按钮，切换到帧，为 720 帧左右，如图 8-17 所示。

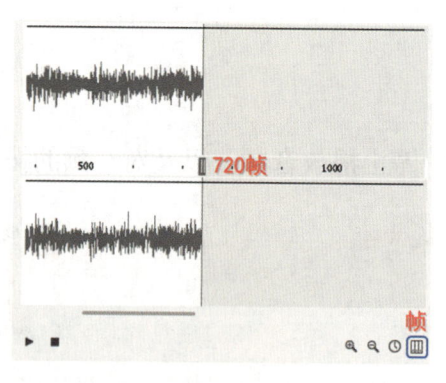

图 8-17

- 关闭"编辑封套"对话框，在舞台 720 帧处按【F5】键延时，声音的截取完成。

提示

声音的截取也可以在专业的软件中进行，这样更加快捷、方便。

（3）调节音量

自定义音频音量高低。鼠标放在音量线上向下拖动，生成一个音量点，向上拖动，删除一个音量点，如图 8-18 所示。

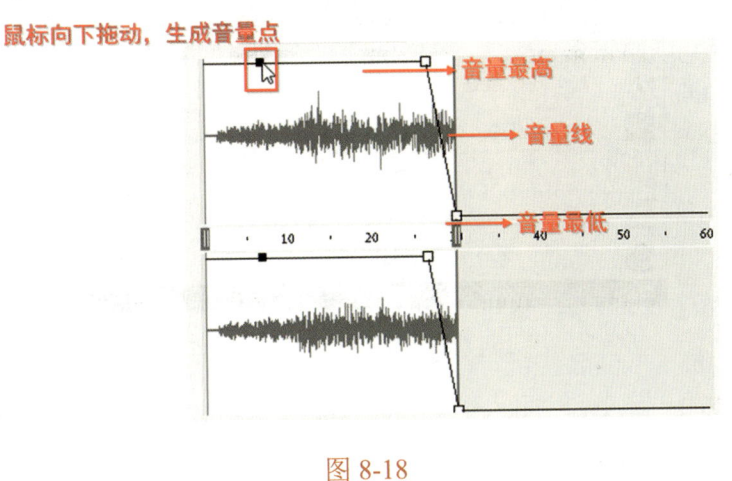

图 8-18

8.3.2 获取视频、导入视频、编辑视频

Animate 中常用的视频是 FLV 格式。

Animate 对视频文件的常用操作有以下两种：

- 一种是 FLV 视频嵌入文件里面，嵌入后可作为影片剪辑元件，通过代码控制播放。
- 一种是使用组件或者代码制作视频播放器，FLV 视频在文件之外，加载播放，可以动态控制视频源。

8-2 视频

1. 获取视频

可以通过以下常用方式获取视频。

① 在手机上，使用相机等工具录制视频。手机相机录制视频格式为.mp4。
② 在网络搜集、下载视频素材。
③ 使用录屏软件录制视频。常见录屏软件录制视频格式为.mp4 或.avi 等。

2. 转换视频格式

利用工具软件"格式工厂"将视频格式转换为.flv。

- 打开"格式工厂"软件后，选择"视频"——"FLV"按钮（见图 8-19），打开"FLV"对话框（见图 8-20）。

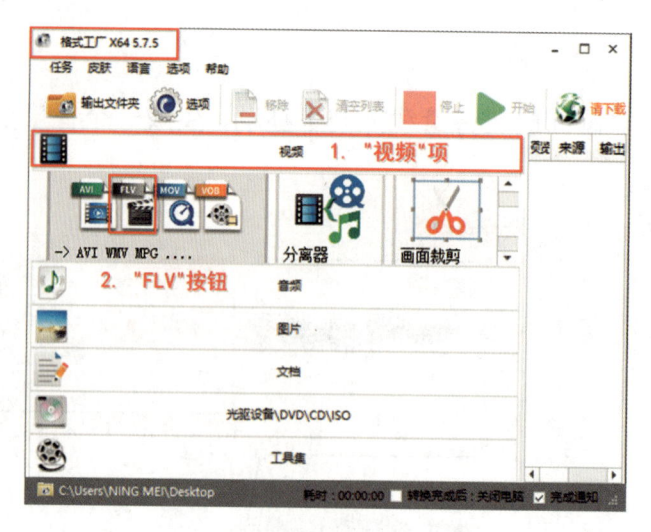

图 8-19

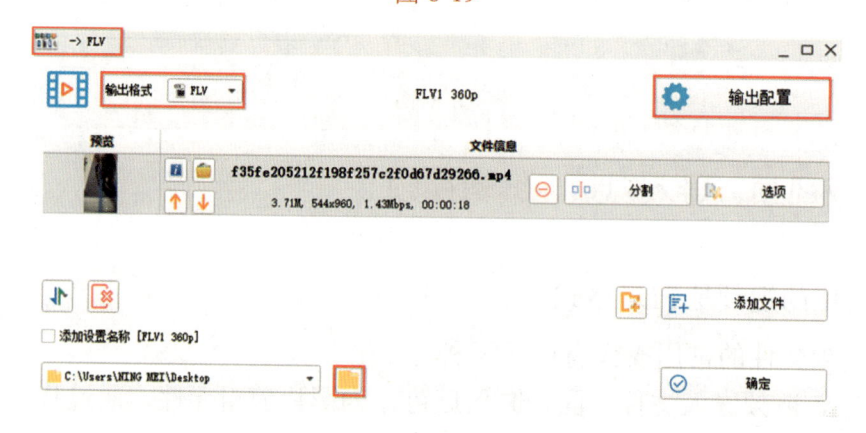

图 8-20

- 在 FLV 对话框中单击"输出配置"按钮，打开"视频设置"对话框。"视频"参数：类型 FLV、视频编码 FLV1，如图 8-21 所示。

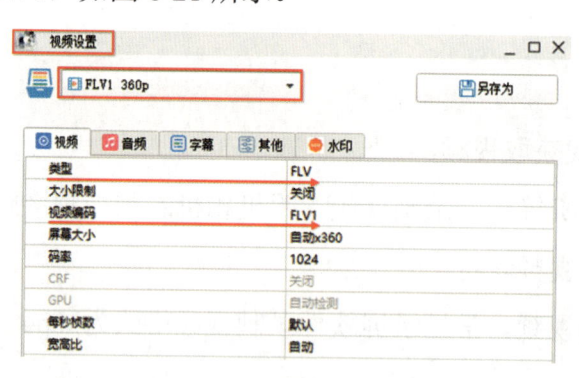

图 8-21

- 确定后，回到格式工厂主界面，选择视频文件，单击工具栏中的"开始"按钮，进行格式转换。

3. 在 Animate 中导入嵌入的视频

① 打开 Animate，选择菜单命令"文件"—"导入"—"导入视频"，弹出"导入视频"对

话框。

② 在"选择视频"项选择"在 SWF 中嵌入 FLV 并在时间轴中播放"单选按钮，并选择文件路径，如图 8-22 所示。

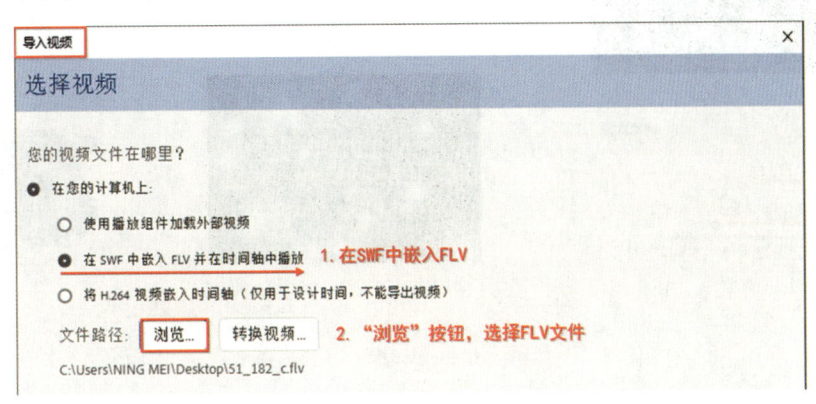

图 8-22

③ 在"嵌入"项中选择符号类型为"影片剪辑"，如图 8-23 所示。

图 8-23

④ 在"完成视频导入"项中单击"完成"按钮，视频导入成功，如图 8-24 所示。

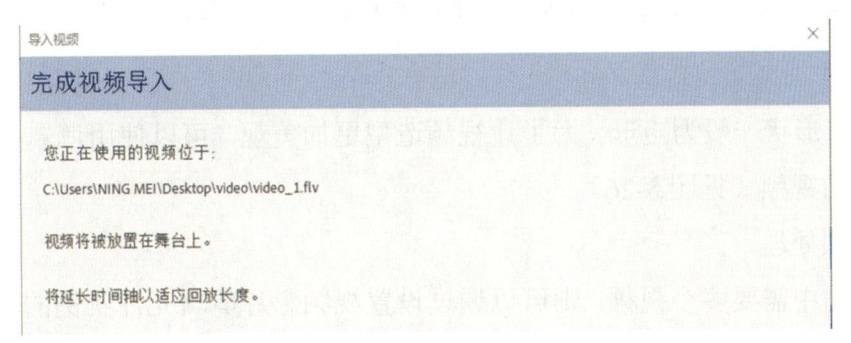

图 8-24

⑤ 视频导入成功后，自动存储在"库"面板中。可以看到视频文件，同时生成了一个同名的影片剪辑元件，如图 8-25 所示。

4. 编辑嵌入式视频

嵌入式视频在使用时会对外观做一些修饰，使其更加自然、贴切动画主题，如图 8-26 所示。

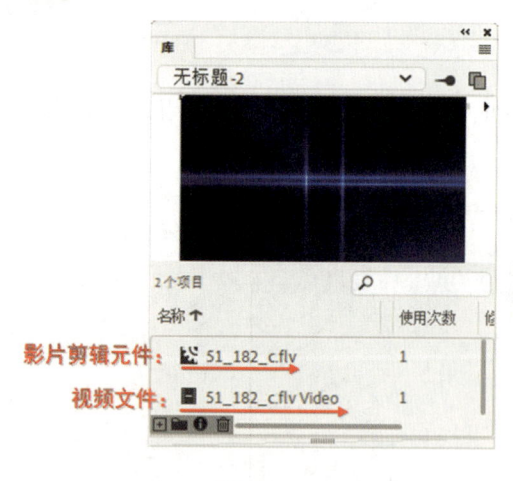

图 8-25　　　　　　　　　　　　图 8-26

（1）去除背景

在"属性"面板中设置影片剪辑实例的"混合"项的"混合"参数：滤色，去除背景色（黑色），当前舞台颜色：浅蓝色，如图 8-27 所示。

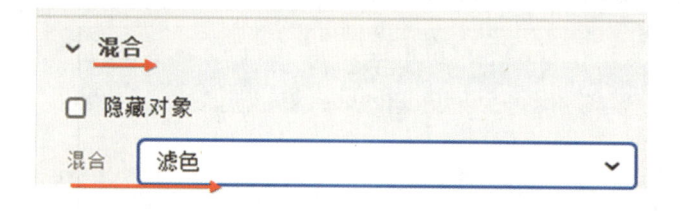

图 8-27

提示

- 不同视频文件的背景色和舞台背景色混合后效果不同，需要尝试，以确定适合的混合模式。
- 选择混合模式后，可以通过↑、↓方向键，进行快速切换，配合观察。

（2）造型处理

视频导入后，形状一般为矩形。为了让视频造型更加美观，可以使用遮罩技术，美化视频外观。例如水墨里的视频（见图 8-26）。

（3）多个视频处理

如果一个动画中需要多个视频，则可以通过设置视频影片剪辑元件实例的 Alpha 属性，通过"淡入""淡出"来实现视频间的衔接。

8.3.3　按钮控制声音播放

学习目标：掌握按钮控制声音播放、停止的方法。

实现效果：红梅飘飘，单击 music 按钮，音乐开始播放；再次单击按钮，音乐停止播放，如图 8-28 所示。

8-3　按钮控制声音播放

设计思路：导入音乐到库；在"动作"面板中选择"音频和视频"—"单击以播放/停止声音"项；修改代码。

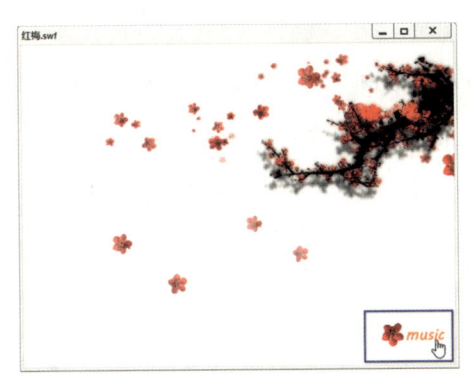

图 8-28

具体实现：

1. 制作按钮

为和动画主题保持一致，本案例将梅花制成按钮元件。

① 打开"红梅朵朵"文件素材。

② 新建影片剪辑元件"梅花旋转"。制作梅花按顺时针旋转的影片剪辑元件。

③ 新建按钮元件"music"。

- "梅花"图层：弹起状态——生成梅花旋转实例；指针经过状态——生成梅花实例（见图 8-29）；按下状态——延时。
- "文本"图层：指针经过状态，输入文本 music。

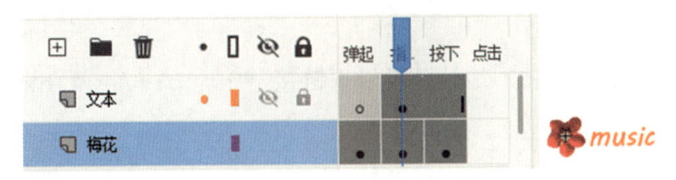

图 8-29

2. 导入音乐

将音乐文件导入"库"面板。

3. 为按钮命名

场景 1，生成 music 按钮实例，在"属性"面板为实例命名为 bn，如图 8-30 所示。

4. 选择动作脚本

选择按钮实例，按【F9】键打开"动作"面板，选择"音频和视频"—"单击以播放/停止声音"项（见图8-31）。在动作面板自动生成代码。

> **提示**
>
> 当前代码的功能——单击"music"按钮，打开默认的MP3文件：URLRequest("http://www.hxedu.com.cn/Resource/OS/AR/zz/zxy/202102677/1.html")。单击按钮播放该音乐。

图 8-30 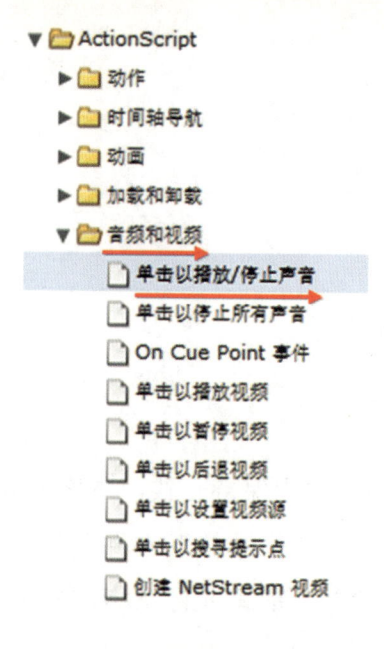　　　　　　　　　　　　　　　　　图 8-31

```
/* 单击以播放/停止声音
单击此元件实例可播放指定声音。
再次单击此元件实例可停止声音。
说明：
1. 用您所需的声音文件 URL 地址替换以下链接 "http://www.hxedu.com.cn/Resource/
OS/AR/zz/zxy/202102677/1.html"。保留引号 ("")。
*/
bn.addEventListener(MouseEvent.CLICK, fl_ClickToPlayStopSound);
var fl_SC:SoundChannel;
//此变量可跟踪要对声音进行播放还是停止
var fl_ToPlay:Boolean = true;
function fl_ClickToPlayStopSound(evt:MouseEvent):void
{
    if(fl_ToPlay)
    {
        var s:Sound = new Sound(new URLRequest("http://www.hxedu.com.cn/Resource/OS/AR/zz/zxy/202102677/1.html"));
```

```
            fl_SC = s.play();
        }
        else
        {
            fl_SC.stop();
        }
        fl_ToPlay = !fl_ToPlay;
    }
```

5. 修改动作脚本

将音乐默认路径删除,复制目标音乐路径(见图 8-32),把文件相对路径粘贴在字符串中。即 ./黄昏 (Live).mp3。

图 8-32

> **提示**
>
> 音乐文件名称,通过复制的方式获取。不要手动输入,以免出错。
>
> 音乐文件名称包括文件名、文件后缀,请复制完整。

> **注意**
>
> 默认的 MP3 文件路径:"http://www.hxedu.com.cn/Resource/OS/AR/zz/zxy/202102677/1.html"。
>
> 替换音频、视频文件时,一定避免使用绝对路径,绝对路径在文件夹位置改变后会出错,程序会提示找不到文件。使用相对路径,可以避免该类错误。
>
> 从图 8-32 可以看到,该案例中动画源文件和音乐文件在同一个文件夹,使用"./文件名"的方式即可访问音乐文件。

正确的代码为:
```
    var s:Sound = new Sound("./黄昏 (Live).mp3"));
```

8.4 案例实现

8.4.1 按钮控制视频源切换

学习目标：掌握按钮控制视频源切换的方法。

实现效果：文件打开，组件播放 MV-凉凉；单击不同的按钮，对应主题的视频开始播放，如图 8-33 所示。

设计思路：4 个视频均为 Animate 导出的 mov 文件。首先，将文件转换为 FLV 格式；其次，在 Animate 中创建 FlashPlayerBack 组件，设置 source 源；最后，为按钮添加切换视频源的代码。

8-4 按钮控制视频源切换

图 8-33

具体实现：

1. 视频文件转换为 FLV 格式

在格式工厂，将视频文件分别转换为 FLV 格式。

2. 创建 FlashPlayerBack 组件，为 FlashPlayerBack 组件实例命名

① 打开"组件"面板，将 FlashPlayerBack 组件拖到舞台，生成实例，如图 8-34 所示。

> **提示**
>
> 视频组件和视频播放器一样，自带播放、停止、快进、后退、静音按钮和进度条。可以通过按钮对视频进行控制、拖动进度条调整视频进度。

视频和音频 | 任务 8

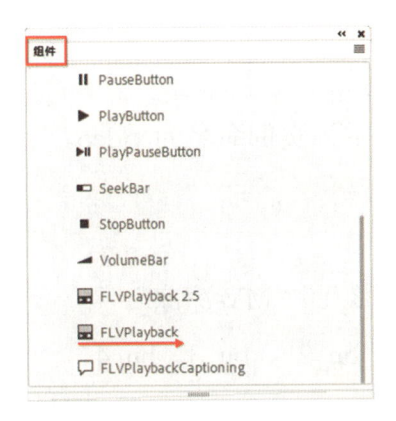

图 8-34

② 选择组件实例，在"属性"面板单击"显示参数"按钮，打开"组件参数"对话框（见图 8-35）。

③ 设置 source 值。单击"内容路径"按钮，打开对话框，单击"浏览"按钮，选择视频文件，如图 8-36（a）所示。视频源数据加载成功后，播放器界面会显示视频开头的内容，如图 8-36（b）所示。

图 8-35

④ 测试动画，看到视频效果，如图 8-36（c）所示。

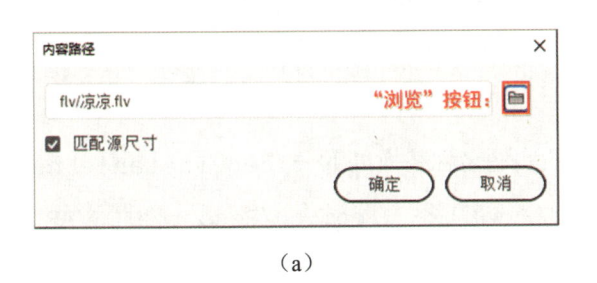

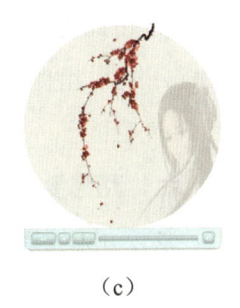

(a)　　　　　(b)　　　　　(c)

图 8-36

> 提示
>
> 内容路径，需要选择当前组件默认播放的视频。其他属性可根据需要设置。

3. 为 FlashPlayerBack 组件实例命名

选择 FlashPlayerBack 组件实例，在"属性"面板中为实例命名为 video。

4. 制作按钮，为按钮实例命名

① 制作按钮"MV-蒲公英""短片-团队""短片-影人""MV-凉凉"。

② 在舞台生成按钮实例，分别为实例命名 bn_1、bn_2、bn_3、bn_4。

5. 添加动作脚本

选择按钮实例 b_1，按【F9】键打开"动作"面板，选择"音频和视频"—"单击以设置视频源"项（见图 8-37），在动作面板自动生成代码。代码功能：单击按钮，打开默认视频文件。

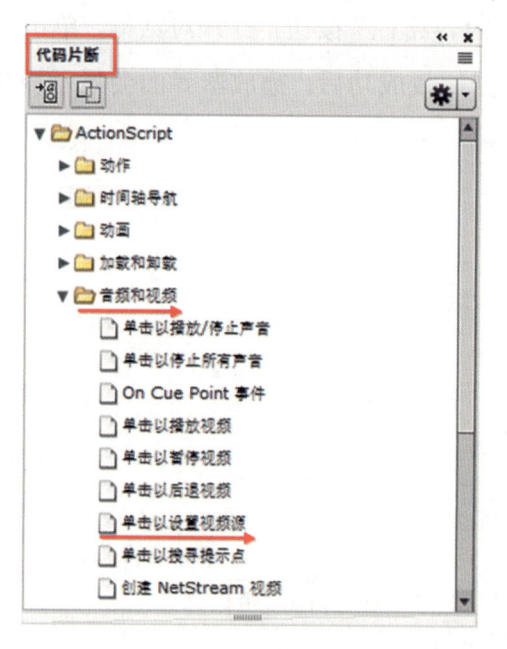

图 8-37

```
/* 单击以设置视频源（需要 FLVPlayback）
单击此指定的元件实例会在指定的 FLVPlayback 组件实例中播放新的视频文件。此指定的
FLVPlayback 组件实例将暂停。
    说明：
    1. 用您要播放新视频文件的 FLVPlayback 组件的实例名称替换以下 video_instance_name。
    2. 用您要播放的新视频文件的 URL 替换以下"https://www.hxedu.com.cn/Resource/OS/AR/zz/zxy/202102677/2.html"。保留引号 ("")。
    */
    bn_1.addEventListener(MouseEvent.CLICK, fl_ClickToSetSource);
    function fl_ClickToSetSource(event:MouseEvent):void
    {
```

```
video_instance_name.source =
        "https://www.hxedu.com.cn/Resource/OS/AR/zz/zxy/202102677/2.html";
}
```

6. 修改动作脚本

将视频默认路径删除，使用相对路径，将视频文件名称粘贴在字符串中。

实现效果：单击按钮"MV-蒲公英"，打开"蒲公英的约定"视频；单击按钮"短片-团队"，打开"团队"视频；单击按钮"短片-影人"，打开"影人"视频；单击按钮"MV-凉凉"，打开"凉凉"视频；如图 8-38 所示。

修改路径后，正确的代码为：

```
bn_1.addEventListener(MouseEvent.CLICK, f1);
function f1(event:MouseEvent):void
{
    video.source = "flv/蒲公英的约定.flv";
}
bn_2.addEventListener(MouseEvent.CLICK, f2);
function f2(event:MouseEvent):void
{
    video.source = "flv/团队的力量.flv";
}
bn_3.addEventListener(MouseEvent.CLICK, f3);
function f3(event:MouseEvent):void
{
    video.source = "flv/影人-片头.flv";
}
bn_4.addEventListener(MouseEvent.CLICK, f4);
function f4(event: MouseEvent): void {
    video.source = "flv/凉凉.flv";
}
```

图 8-38

8.4.2 音乐 MV 歌词制作

以歌曲《虫儿飞》为例进行介绍。

1. 设置音乐的同步方式

制作音乐 MV 是希望音频随着时间轴的播放而开始，随时间轴的停止而停止。

① 虫儿飞文件导入"库"面板。

② 新建图层"虫儿飞"，将声音文件拖入舞台，截取前四句。

③ 在"属性"面板中设置声音的同步方式：数据流。

2. 定位歌词时间点

① 新建图层"标签"。

② 按【Enter】键播放影片，定位第一句歌词的起始位置在第 257 帧。

③ 选择第 257 帧，在"属性"面板中将关键帧命名为"1-黑黑的天空低垂"，之后看到关键帧上出现一面小红旗，如图 8-39 所示。

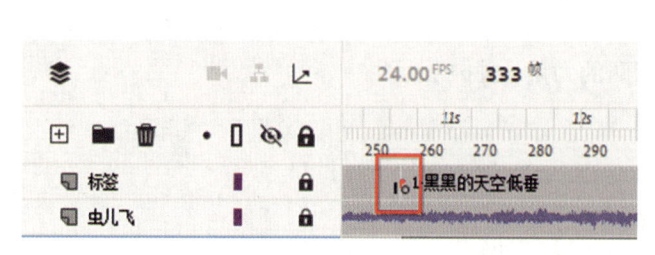

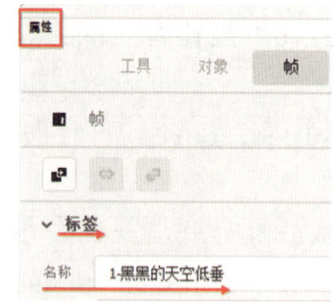

8-5 虫儿飞歌词制作

图 8-39

> **提示**
> - 帧标签起提示作用，名称一定要清晰。
> - 帧标签名称不能重复，否则影片导出时会在"输出"面板中提示"警告：直接复制帧标签"，如图 8-40 所示。

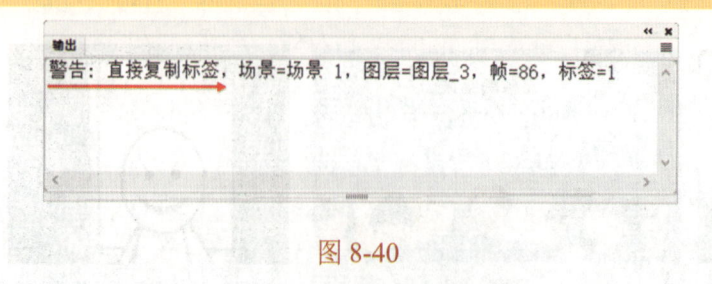

图 8-40

④ 通过反复按【Enter】键播放影片，确定第一句歌词在第 365 帧处结束。

⑤ 在第 366 帧处插入空白关键帧，将该关键帧命名为"2-亮亮的繁星相随"，如图 8-41 所示。

⑥ 重复②至⑤步操作，分别找到第二句结束时间，以及第三句、第四句歌词的起始点和结束点，并为关键帧分别命名为"3-虫儿飞虫儿飞""4-你在思念谁"。

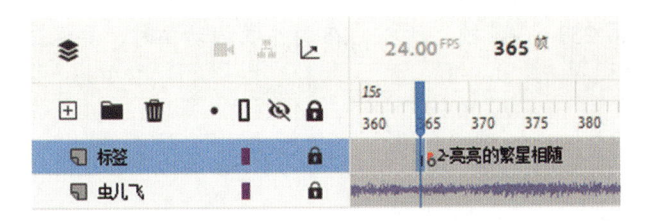

图 8-41

当前案例歌词起始帧如下：

黑黑的天空低垂：257～365 帧；亮亮的繁星相随：366～475 帧。

虫儿飞虫儿飞：476～590 帧；你在思念谁：591～720 帧。

3. 制作歌词"黑黑的天空低垂"

本例中，使用遮罩技术来制作歌词，歌词最终效果如图 8-42 所示。

图 8-42

① 场景 1，新建图层"歌词"。在舞台的合适区域输入文本"黑黑的天空低垂"，调整文本的大小、字体、位置。按【F8】键，将文本转换为影片剪辑元件"1-黑黑的天空低垂"。

提示

此处在场景输入文本，有两个目的：
- 定位歌词在舞台的位置（同一个动画中，歌词保持在同一个位置）。
- 确定文本字号。

② 切换到元件"1-黑黑的天空低垂"，制作歌词效果。
- 图层"边框"：内容为墨水瓶工具添加的黑色边框。
- 图层"蓝"：内容为蓝色的文本。
- 图层"白"：内容为白色的文本。
- 图层"遮罩"：内容为矩形长条从左向右的运动，时长 109 帧，整体效果如图 8-43 所示。

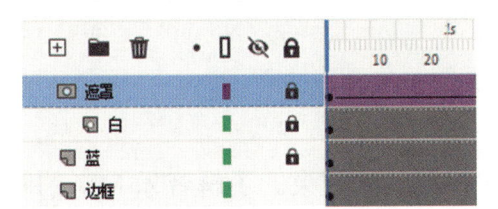

图 8-43

> **提示**
>
> 歌曲中，第一句歌词从第 257～365 帧。所以，在制作歌词动画时，要保证歌词动画和歌曲同步，要做到 365-257+1=109 帧。

③ 场景 1，将第 257 帧延时到第 365 帧，同时在第 366 帧处插入空白关键帧，放置第二句歌词的动画效果，如图 8-44 所示。

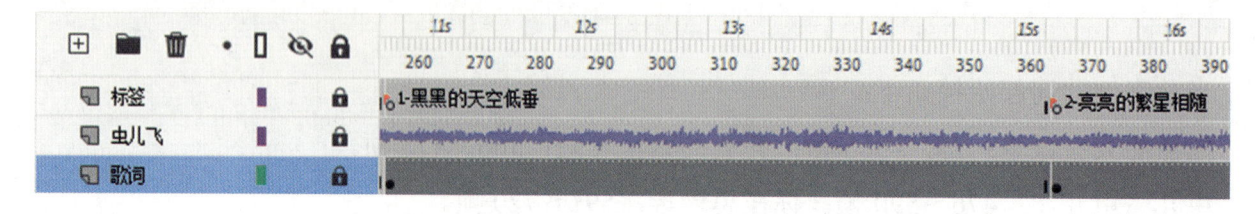

图 8-44

4. 制作歌词"亮亮的繁星相随"

设计思路：一个动画中，歌词的动画效果要保持一致。所以，利用"直接复制"命令，获得后三句歌词。

① 直接复制元件"1-黑黑的天空低垂"。
② 将元件名称修改为"2-亮亮的繁星相随"。
③ 进入元件编辑环境，双击文本，修改歌词内容为"亮亮的繁星相随"。
④ 将动画的时间修改为 110 帧（第二句歌词的范围为第 366～475 帧，475-366+1=110 帧）。
⑤ 切换到场景 1，在第 366 帧生成歌词实例。

5. 制作歌词"虫儿飞虫儿飞""你在思念谁"

重复步骤 4 的操作，修改动画内容及时间；在场景 1 生成歌词实例。

> **提示**
>
> 第三句、第四句歌词的节奏与前两句歌词的节奏相比有变化，需要根据歌词节奏添加关键帧，通过调整关键帧的位置，达到控制歌词和音乐同步的目的。

6. 测试动画，歌词动画和音乐同步播放

8.4.3 音乐 MV 动画制作

学习目标：根据分割好的歌词时间点，制作相关动画效果。了解音乐 MV 的制作思路。
实现效果：天空星光点点，野草摇摆，萤火虫四处乱飞，标题"虫儿飞"淡入，两只萤火虫沿文字路径飞舞，随后标题淡出，如图8-45所示。

设计思路：逐帧动画制作实现野草摇摆的效果，引导层动画制作实现萤火虫飞舞的效果，元件的嵌套使用实现动作的叠加。

图8-45

具体实现：

1. 打开《虫儿飞》歌词文件

2. 制作片头

① 新建图层"背景"。绘制矩形，设置颜色为"深蓝—浅蓝"的线性渐变，如图8-46所示。

② 新建影片剪辑元件"静止星星""星星从大到小""星星旋转"。分别制作对应效果。

③ 场景1，在"背景"图层中生成多个静止星星、星星从大到小、星星旋转实例，效果如图8-47所示。

图8-46　　　　　　　　　　图8-47

④ 制作影片剪辑元件"草地"。绘制草地外观，并填充"浅蓝—深绿"的线性渐变。

场景1，在"背景"图层中生成草地实例，设置模糊滤镜，如图8-48所示。

⑤ 制作影片剪辑元件"草"。绘制草在风的吹动下聚拢的动画效果（见图8-49）。

场景1，在"背景"图层中生成多个草实例，然后调整其大小、位置。

⑥ 制作影片剪辑元件"花"。绘制花在风的吹动下摇摆的动画效果，如图8-50所示。

图8-48

场景1，在"背景"图层中生成多个花实例，调整其大小、位置，如图8-51所示。

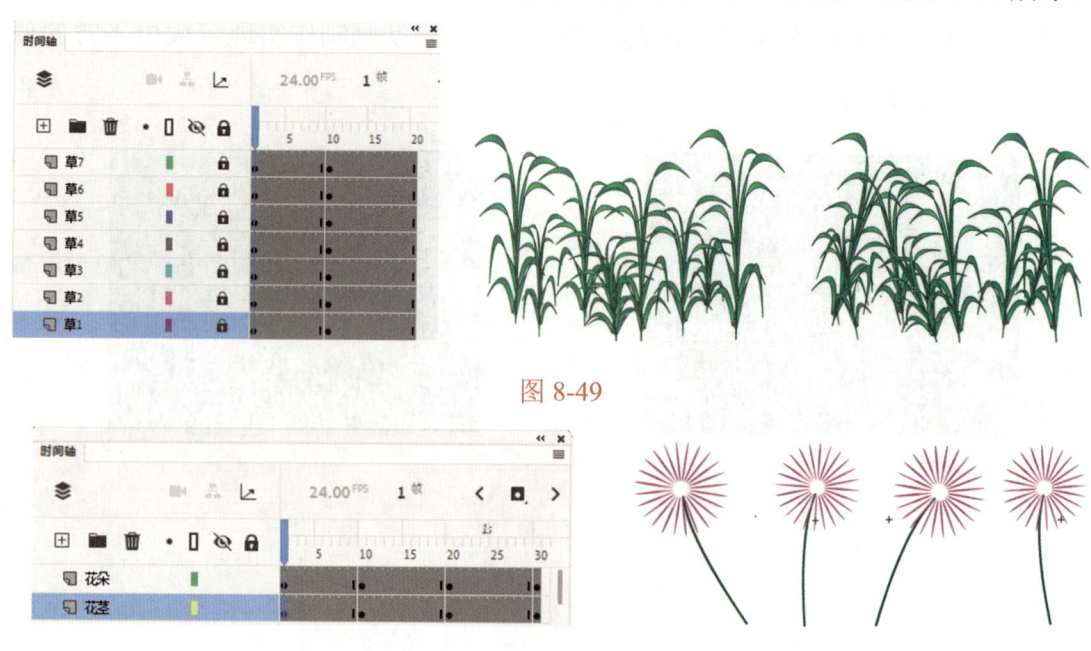

图8-49

图8-50

图8-51

⑦ 制作影片剪辑元件"萤火虫""小萤火虫飞舞1""小萤火虫飞舞2"。制作萤火虫飞舞的引导层动画效果。

场景1，在"背景"图层中生成多个小萤火虫飞舞元件实例，调整其大小、位置，如图8-52所示。

⑧ 新建元件"文字"，制作虫儿飞文字效果，如图8-53所示。

图8-52

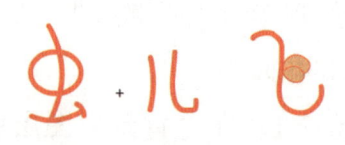

图8-53

⑨ 制作剪辑元件"片头-文字"。设置文字"虫儿飞"淡入、萤火虫绕文字路径飞舞的动画效果。

场景1，新建图层"片头-文字"，在第1帧生成"片头-文字"元件实例，延时到第234帧。

测试动画效果，如图 8-54 所示。

图 8-54

⑩ 制作影片剪辑元件"流星""流星下落""多个流星"。实现多颗流星陆续淡出的效果。

场景 1，新建图层"流星"。在第一句和第二句歌词中间位置生成多个流星实例，并进行适当延时。

⑪ 新建文件夹"片头"。将片头用到的元件素材放置在该文件夹中。

3. 制作画面一动画

设计思路：前两句歌词使用一个画面，即野草、萤火虫、星空，将背景层延时到第 475 帧，如图 8-55 所示。

图 8-55

4. 制作画面二动画

设计思路：第三句歌词使用一个画面，将上一个画面放大（推镜头），看到大大的萤火虫在飞舞。

① 背景图层，第 476 帧处插入关键帧，按【F8】键，将背景上的所有元素转换为元件"大背景"，在第 520 帧处插入关键帧，将"大背景"实例放大到 150%，创建传统补间动画。制作镜头放大的效果，如图 8-56 所示。

图 8-56

② 制作影片剪辑元件"大萤火虫"。制作萤火虫翅膀"展开""合上""展开"的动画效果，如图8-57所示。

图 8-57

③ 制作影片剪辑元件"大萤火虫飞"。制作大萤火虫飞翔的引导层动画效果。

④ 新建图层"大萤火虫"。在第476帧处插入空白关键帧，生成多个大萤火虫飞动的实例，调整实例大小、角度至合适位置，效果如图8-58所示。

图 8-58

⑤ 新建文件夹"画面二"。将该画面使用到的素材放置在该文件夹中。

5. 制作画面三动画

设计思路：第四句歌词和第三句歌词使用一个画面，出现一行文本"远方的你好吗？"，如图8-59所示。

① 新建图层"思念-文本"。在第600帧处插入空白关键帧，输入文本"远方的你好吗？"，将文本转换为元件。在第600～666帧中创建文本淡入的动画效果，并延时到第686帧。

② 新建文件夹"画面三"。将该动画使用到的素材放置在该文件夹中。

图 8-59

8.5 任务总结

声音和视频的处理并不是很麻烦,但会在寻找、选择声音和视频素材上花费很多时间和精力。所以,当大家听到和看到自己喜欢或者比较经典的歌曲、音频、视频时,要果断收藏、分类保存,以备不时之需。另外,看到有用的动画时,也要果断收藏,以供以后使用。

掌握了动画的制作方法及音频、视频技术后,就可以开始制作综合小动画。此时,动画文件会出现时间长、动画内容复杂、图层多等情况。很多初学者习惯将内容依次放置在时间轴上,这样的好处是比较直观,但是缺点也比较多,除了时间轴会被拉得很长,更重要的是修改起来极其不方便。针对动画内容多少,一般有两种处理方法。

- 动画内容不太多时,采用模块化的设计思想,将能拆开的动画效果制作成元件。
- 如果内容比较多,在合成动画时,除了采用模块化的设计思想,还要借助"场景"面板,将动画放置在多个场景进行合成。

8-6 场景

1. "场景"面板

"场景"面板默认不打开。打开时选择菜单命令"窗口"—"场景"或按【Shift+F2】键,打开"场景"面板,如图 8-60 所示。

每一个场景都有一个独立的时间轴,在 Animate 动画导出以后,动画将按照场景的先后顺序进行播出。

当切换场景时,可以在"场景"面板直接单击场景名称,也可以直接在编辑栏中单击 "编辑场景"按钮,如图 8-61 所示。

图 8-60

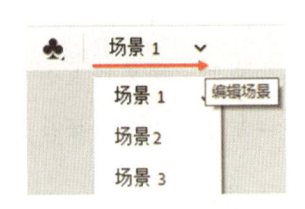

图 8-61

使用"场景"面板的优点如下:

① 可以随意改变单个镜头的时间长短。因为每个场景是独立的,无论长短,都要播放完以后再播出下一个场景,因此,修改镜头长短不会影响其他的场景。

② 可以随意调整镜头的顺序。在"场景"面板中可以对每个场景的顺序进行调整,因为每

个场景都是独立的，所以播出顺序的调整不会影响到其他场景。

2. 编辑场景

"场景"面板的左下角有 3 个按钮，分别是"添加场景""重制场景""删除场景"，如图 8-62 和图 8-63 所示。

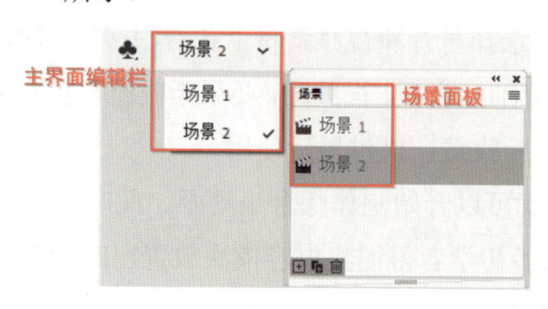

图 8-62

图 8-63

① "添加场景"按钮：添加一个新的空场景。

② "重置场景"按钮：选中某一场景，单击该按钮，可将该场景完整地复制出来。在做镜头重复的时候很有用。

③ "删除场景"按钮：选中某一场景，单击该按钮，可将该场景删除。

3. 测试场景

测试某一场景中的动画效果，按【Ctrl+Alt+Enter】键。

测试影片，观看连贯的场景效果，按【Ctrl+Enter】键。

4. 合成动画

一部 Animate 动画经常由几个人同时制作不同的部分，最后将这些部分放置在一个 Animate 文件中，这部分工作称为动画合成。

提示

> 为了避免总合成时出现文件大小不一、元件名称冲突、字体不一致等情况。在分工之前，要明确通用参数，团队制定统一标准。比如，舞台大小、帧频、字体、字号、实例命名规则、元件命名规则等。

① 合成时的常用操作。

- 共享库面板，获得元件。
- 拷贝图层，复制图层。

② 合成时文件间的舞台大小不一致的处理方法。

激活时间轴面板"编辑多个帧"按钮，全选所有帧中的图像；使用"任意变形工具"进行放缩，使画面和舞台大小一致；最后关闭"编辑多个帧"按钮。

8.6 提高创新

学习目标：综合运用知识，设计交互式课件。

实现效果：线条动画之后，魔棒写出课程名称"计算机组成原理"，章节内容"寻址方式"位移至舞台右侧（见图8-64），单击"play"按钮，进入内容场景（见图8-65）。

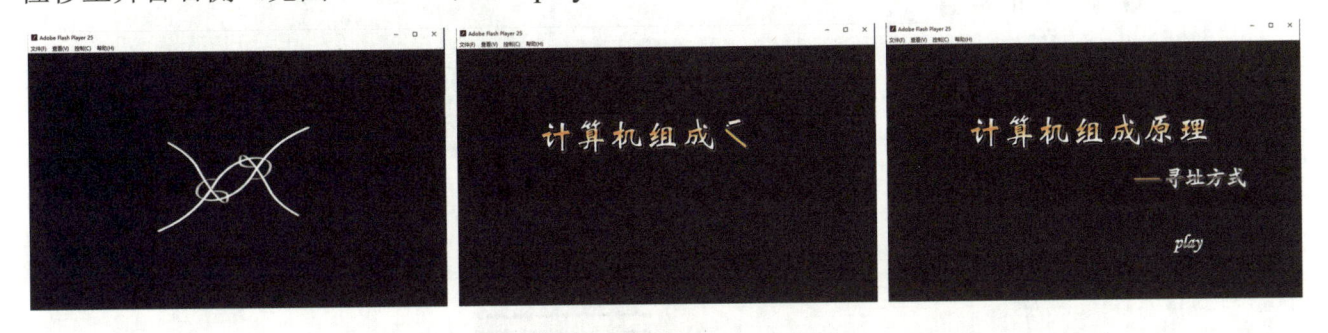

图8-64

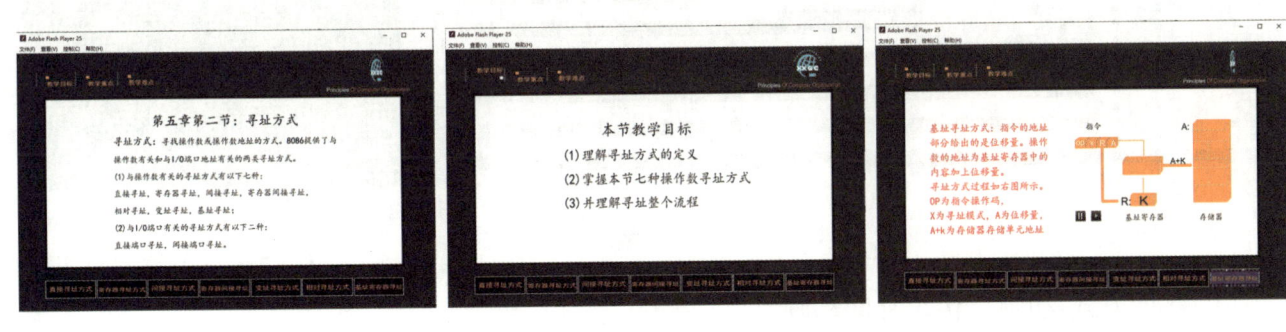

图8-65

分别单击舞台左上角的"教学目标""教学重点""教学难点"和下方的"直接寻址方式""寄存器寻址方式""间接寻址方式""寄存器间接寻址""变址寻址方式""相对寻址方式""基址寄存器寻址"按钮，在舞台中间白色区域显示对应的文字说明和动画演示效果。

设计思路：课件分为片头 scene1 和内容 scene2 两个场景，中文字体为楷体，英文字体为 Arial。以金属质感的灰色、鲜艳的橙色为主色系进行设计，通过按钮控制动画分类演示。

1. scene1

片头场景中的4个元素：线条运动、"计算机组成原理"写字效果、"寻址方式"移动效果、play 按钮，分别在元件完成，最后在 scene1 场景生成实例，调整时间即可，如图8-66所示。

① 线条：逐帧动画如图8-67所示。

② 计算机组成原理-动画：逐帧动画（写字效果），第182帧添加 stop( )语句，如图8-68所示。

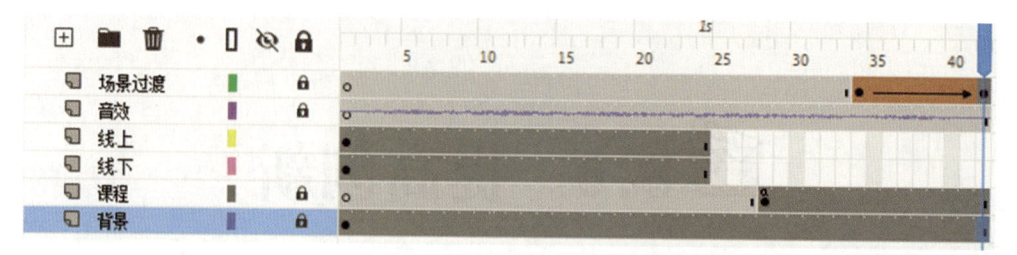

图 8-66

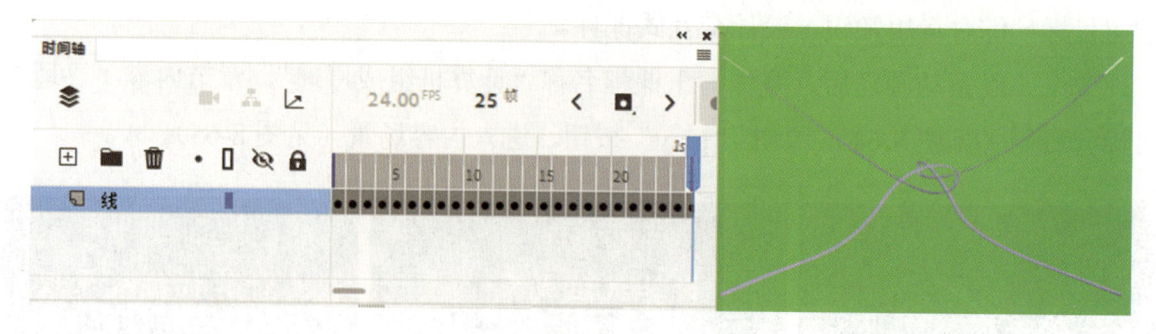

图 8-67

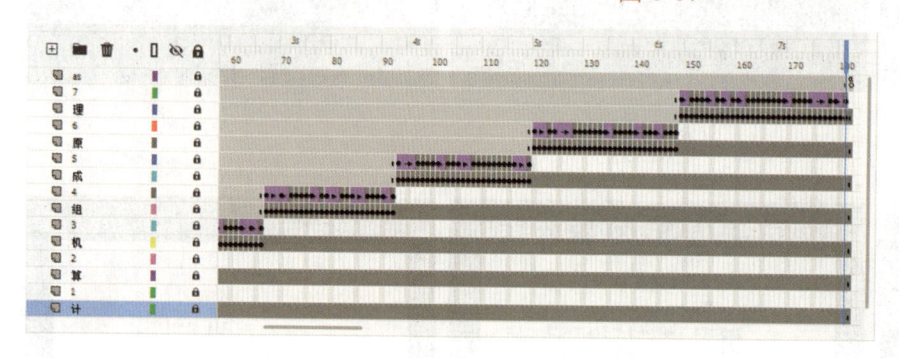

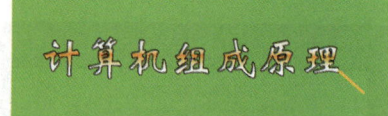

图 8-68

③ 寻址方式-动画：传统补间动画。

生成"计算机组成原理-动画"实例，在第 182 帧处制作"寻址方式"动画效果、play 按钮（实例名称：myPlay）动画效果、插入音效；最后一帧第 196 帧添加脚本，实现单击按钮继续播放第二个场景的效果，如图 8-69 所示。

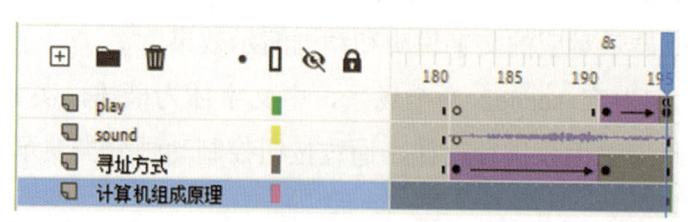

图 8-69

```
stop(); //当前时间轴 停止播放
myPlay.addEventListener(MouseEvent.CLICK, f);
function f(event:MouseEvent):void
{
```

```
            Object(root).play();         //场景时间轴 继续播放
    }
```

④ 场景过度：形状补间动画实现黑闪效果。

⑤ 音效：短声音，同步方式为事件。

2. scene2

内容场景中的 12 个元素：10 个按钮、白色矩形、右上角装饰元素（圆形和英文字母），分别在元件完成，最后在 scene2 场景生成实例，添加脚本实现动画的控制。

① 11 个文字动画，文字动画的最后一帧添加 stop( )语句，如图 8-70 所示。

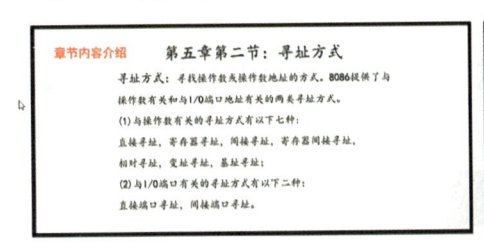

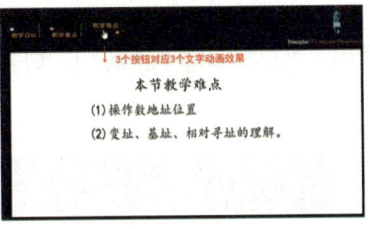

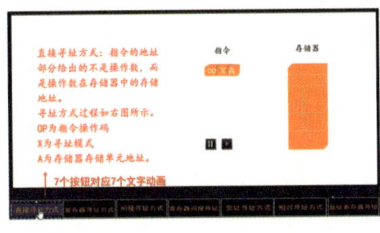

图 8-70

② 7 个寻址方式动画，第一帧、最后一帧添加 stop( )语句，播放、暂停按钮添加如下代码，控制寻址方式动画的播放，如图 8-71 所示。

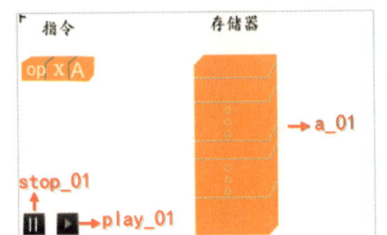

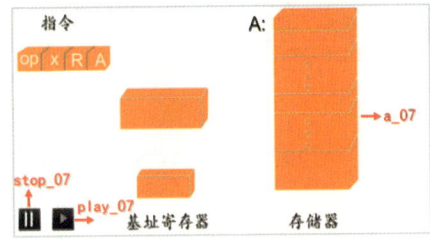

图 8-71

```
stop_01.addEventListener(MouseEvent.CLICK, f1);
function f1(event:MouseEvent):void
{
    a_01.stop();
}
play_01.addEventListener(MouseEvent.CLICK, f01);
function f01(event:MouseEvent):void
{
    a_01.play();
}
```

7 个寻址方式动画设计相同、名称相似，剩余 6 个动画代码复制，修改名称即可，如图 8-71

所示。

③ scene2 场景，在第 1～50 帧设计各元素的出现方式。

④ 在第 52 帧处放置本章节教学内容文字，在第 53～59 帧处分别放置 7 个寻址方式文字实例、动画实例，第 61～63 帧处放置教学目标、教学重点、教学难点实例，时间轴如图 8-72 所示。

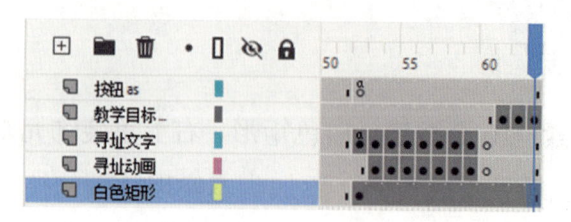

图 8-72

⑤ 3 个动态按钮（见图 8-73），添加如下代码，控制教学目标、教学重点、教学难点文字动画的播放。

图 8-73

```
//教学目标 按钮
study_01.addEventListener(MouseEvent.CLICK, s1);
function s1(event:MouseEvent):void
{
    gotoAndStop(61);
}
//教学重点 按钮
study_02.addEventListener(MouseEvent.CLICK, s2);
function s2(event:MouseEvent):void
{
    gotoAndStop(62);
}
//教学难点 按钮
study_03.addEventListener(MouseEvent.CLICK, s3);
function s3(event:MouseEvent):void
{
    gotoAndStop(63);
}
```

⑥ 7 个动态按钮（见图 8-74），添加如下代码，控制直接寻址方式、寄存器寻址方式、间接

寻址方式、寄存器间接寻址、变址寻址方式、相对寻址方式、基址寄存器寻址动画的播放。

图 8-74

```
//直接寻址方式  按钮
bn_01.addEventListener(MouseEvent.CLICK, f1);
function f1(event:MouseEvent):void
{
    gotoAndStop(53);
}
//寄存器寻址方式  按钮
bn_02.addEventListener(MouseEvent.CLICK, f2);
function f2(event:MouseEvent):void
{
    gotoAndStop(54);
}
//间接寻址方式  按钮
bn_03.addEventListener(MouseEvent.CLICK, f3);
function f3(event:MouseEvent):void
{
    gotoAndStop(55);
}
//寄存器寻址方式  按钮
bn_04.addEventListener(MouseEvent.CLICK, f4);
function f4(event:MouseEvent):void
{
    gotoAndStop(56);
}
//变址寻址方式  按钮
bn_05.addEventListener(MouseEvent.CLICK, f5);
function f5(event:MouseEvent):void
{
    gotoAndStop(57);
}
//相对寻址方式  按钮
```

```
bn_06.addEventListener(MouseEvent.CLICK, f6);
function f6(event:MouseEvent):void
{
    gotoAndStop(58);
}
//基址寄存器寻址 按钮
bn_07.addEventListener(MouseEvent.CLICK, f7);
function f7(event:MouseEvent):void
{
    gotoAndStop(59);
}
```

任务 9

评价自测

将本书的八类 32 个案例通过评价自测表的形式汇总，记录学生的学习、成长过程，起到督促作用。评价自测表中"自我评价"的形式为勾选，记录阶段学习情况；"自我反思"的形式为文字，记录学习过程中的所思、所悟和问题；"教师评价"项记录教师对该阶段学生的评价。

评价自测表 1

任 务 内 容	自 我 评 价			
任务 1 动画制作基础	完 成	实践课堂 分享案例	理论课堂 分享案例	创 新
大雁飞				
写字效果				
字母运动				
打字效果				
自我反思				
教师评价				

评价自测表 2

任 务 内 容	自 我 评 价			
任务 2 绘制图形	完 成	实践课堂 分享案例	理论课堂 分享案例	创 新
玫瑰				
眨眼的熊猫				
文字设计				
小猪佩奇				
自我反思				
教师评价				

评价自测表 3

任务内容	自我评价			
任务 3 补间动画	完　成	实践课堂组内分享案例	理论课堂分享案例	创　新
运动的小球				
跳动的红心				
折扇运动				
圆环翻转				
自我反思				
教师评价				

评价自测表 4

任务内容	自我评价			
任务 4 AS 3.0 脚本基础	完　成	实践课堂组内分享案例	理论课堂分享案例	创　新
生成随机数				
按钮控制太阳升落				
方向键控制影片剪辑实例的移动				
触发连续动作				
自我反思				
教师评价				

评价自测表 5

任务内容	自我评价			
任务 5 引导层动画	完　成	实践课堂组内分享案例	理论课堂分享案例	创　新
泡泡运动				
火花四溅				
星光文字				
鼠标替换				
自我反思				
教师评价				

评价自测表 6

任务内容	自我评价			
任务 6 元件的嵌套使用	完　成	实践课堂组内分享案例	理论课堂分享案例	创　新
基础嵌套				
青春寄语				
小池				

续表

任 务 内 容	自 我 评 价			
按钮控制动画播放				
自我反思				
教师评价				

评价自测表 7

任 务 内 容	自 我 评 价			
任务 7 遮罩层动画的应用	完 成	实践课堂组内分享案例	理论课堂分享案例	创 新
基础遮罩				
水流动画——池中景				
图片切换				
按钮控制图片切换				
自我反思				
教师评价				

评价自测表 8

任 务 内 容	自 我 评 价			
任务 8 视频和音频	完 成	实践课堂组内分享案例	理论课堂分享案例	创 新
按钮控制视频源切换				
音乐 MV 歌词制作				
音乐 MV 动画制作				
计算机组成原理—寻址方式				
自我反思				
教师评价				